W0259935

Alf Pflüger

Elementare Schalenstatik

Fünfte Auflage

Mit 59 Abbildungen

Springer-Verlag
Berlin Heidelberg NewYork 1981

Dr.-Ing. Dr.-Ing. E. h. Alf Pflüger
Professor an der Universität Hannover

CIP-Kurztitelaufnahme der Deutschen Bibliothek.
Pflüger, Alf:
Elementare Schalenstatik / Alf Pflüger. —
5. Aufl. — Berlin, Heidelberg, New York: Springer 1981

ISBN 978-3-642-52217-8 ISBN 978-3-642-52216-1 (eBook)
DOI 10.1007/978-3-642-52216-1
Softcover reprint of the hardcover 5th edition 1981

2060/3020-543210

Vorwort zur fünften Auflage

Als im Jahre 1948 die erste Auflage der „Elementaren Schalenstatik" erschien, hat der Verfasser keineswegs damit gerechnet, daß nach gut dreißig Jahren noch eine fünfte Auflage sinnvoll sein würde, bei der trotz aller im Laufe der Jahre erfolgten Änderungen und Erweiterungen das Konzept der ersten Auflage grundsätzlich beibehalten ist. Einerseits war die Anwendung der Tensorrechnung, andererseits die Entwicklung der elektronischen Datenverarbeitung mit den Methoden der finiten Elemente ein Anlaß, sich zu überlegen, ob nicht die bisherige Schalenstatik grundsätzlich andere Wege gehen müßte. Etwa in den letzten zehn Jahren ist jedoch der Verfasser eindeutig zu der Meinung gekommen, daß eine Änderung des Grundkonzeptes gerade wegen der erwähnten Tensor- und Computerrechnungen nicht erfolgen sollte. Hierfür sind verschiedene Gründe maßgeblich. Das räumliche Kräftespiel in Schalen ist wesentlich anders als das der eindimensionalen Stäbe. Aber auch für das statische Verhalten der Schalen muß der Ingenieur ein gewisses Gefühl haben, um Entwurfs- und Konstruktionsfragen schnell entscheiden zu können. Die Methoden der finiten Elemente sind Verfahren, die für die Berechnung komplizierter Schalen, erst recht aber für wissenschaftliche Untersuchungen, zweifellos unentbehrlich sind. Eine schlechte Konstruktion kann aber durch eine noch so genaue Rechnung nicht verbessert werden. Für die Beibehaltung des Grundkonzeptes spricht ferner die an sich selbstverständliche didaktische Forderung, mit den einfachsten Dingen anzufangen. Diese Zielsetzung beschränkt im übrigen den Umfang des Buches und grenzt es gegenüber den Werken anderer Autoren ab.

Das Buch ist gedacht für die höheren Semester der Technischen Universitäten und Technischen Hochschulen in den Fachrichtungen Bauwesen und Maschinenwesen, aber auch für Studenten von entsprechenden Fachhochschulen. Andererseits hofft der Verfasser, daß auch in der Praxis das Buch mit Nutzen verwendet werden kann. Diesem Zweck dient vor allem die Überarbeitung des Anhangs.

Der Verfasser möchte Herrn Dr.-Ing. J. Stern für wertvolle Hilfe beim Korrekturlesen und bei der Neugestaltung der Formeln des Anhangs danken, aber auch den Lesern der früheren Auflagen für manchen Hinweis. Dem Springer-Verlag dankt der Verfasser für die gleiche Sorgfalt bei der Drucklegung, durch die sich schon die früheren Auflagen auszeichneten.

Hannover, Juli 1980 Alf Pflüger

Inhaltsverzeichnis

I. Einleitung

1 Allgemeines

Wenn wir uns mit der Schalentheorie beschäftigen wollen, ist als erstes eine genaue Definition des Begriffes einer Schale erforderlich. Dieses erscheint um so wichtiger, als im Ingenieurwesen unter einer Schale etwas ganz anderes verstanden wird als im Sprachgebrauch des gewöhnlichen Lebens.

Die Konstruktionselemente der meisten Tragwerke des Bauwesens sind sog. Stäbe. Diese sind dadurch gekennzeichnet, daß ihre Abmessungen in zwei Richtungen, nämlich die Abmessungen des Stabquerschnittes, klein sind gegenüber denen in der dritten Richtung, d. h. gegenüber den Abmessungen längs der Stabachse. Dementsprechend nennen wir die Stäbe auch Linienträger oder eindimensionale elastische Gebilde. Durch ihre besondere geometrische Gestalt werden eine Reihe von Annahmen möglich — z. B. die Annahme vom Ebenbleiben der Querschnitte —, die die Berechnung des Spannungs- und Verformungszustandes wesentlich einfacher gestalten als im allgemeinen Fall bei der Untersuchung von Körpern, die als dreidimensionale elastische Kontinua behandelt werden müssen. Zwischen diese allgemeinen elastischen Gebilde und die Linienträger fügen sich die zweidimensionalen Flächenträger ein, von denen wir dann sprechen, wenn die Abmessungen in einer Richtung, nämlich senkrecht zu einer Fläche, klein sind gegenüber den Ausdehnungen der Fläche. Ist die Fläche eine Ebene, so kommen wir auf diese Weise zu den Platten und Scheiben. Ist dagegen die Fläche beliebig gekrümmt, so erhalten wir eine Schale. *Eine Schale ist also ein gekrümmter Flächenträger.*

Die Anwendungsgebiete der Schalen im Bauwesen sind in erster Linie der Kuppel-, der Hallen- und der Behälterbau. Vom Pantheon über die Peterskirche bis zu den in den letzten Jahrzehnten gebauten Planetarien können viele Kuppeln des Massivbaues als Schalen bezeichnet werden. Ein großer Teil von Fahrzeug- und Flugzeughallen, von Markthallen, Bahnhofshallen und Ausstellungshallen sind als Schalenbauten errichtet. Fast alle Behälter, wie Wasserbehälter, Öltanks, Gasbehälter, Silos usw. sind als Schalenkonstruktionen anzusprechen. Schließlich gehören auch Dampfkessel und große Rohrleitungen in das Gebiet der Schalen.

Die Schalenkonstruktionen haben in den letzten Jahrzehnten eine außerordentliche praktische Bedeutung erlangt. Dieses ist durch ein den räumlichen Flächenträgern eigentümliches Kräftespiel bedingt, das zu einer sehr günstigen Materialausnutzung führt. Die Gesetze dieses Kräftespiels lassen sich jedoch mit elementaren Betrachtungen und den Rechenmethoden der technischen Balkenbiegungslehre nicht erfassen, so daß

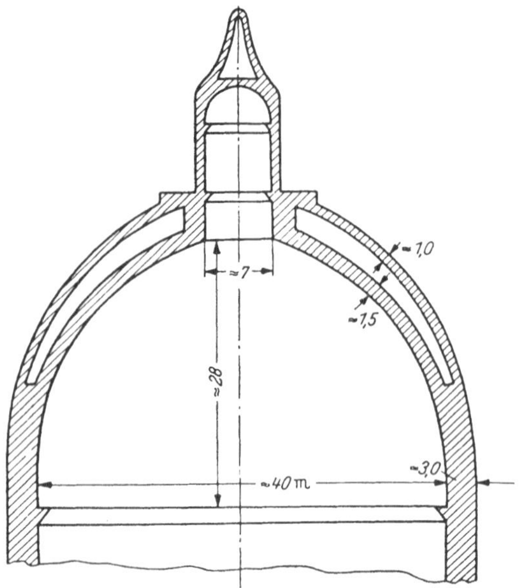

Bild 1. Kuppel der Peterskirche in Rom. (Maße in Metern.) [Nach Zeitschr. f. Bauwesen 37 (1887), Atlas, Bl. 46.]

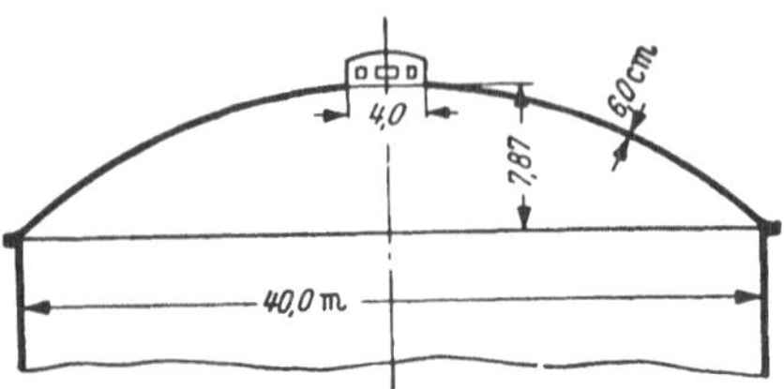

Bild 2. Kuppel über der Absprengerei der Firma Schott, Jena. [Nach DISCHINGER: Bauing. 6 (1925), S. 362.]

ihre praktische Ausnutzung erst nach Entwicklung der Schalentheorie möglich wurde. Welche Fortschritte hierdurch im Verein mit dem zugfesten Stahlbeton und geeigneten Herstellungsverfahren erzielt werden konnten, zeigt ein Vergleich der in Bild 1 dargestellten Kuppel der im 16. Jahrhundert erbauten Peterskirche mit einem neuzeitlichen in Jena errichteten Kuppelbau, der aus Bild 2 hervorgeht. Beide Kuppeln haben die gleiche Spannweite von etwa 40 m, wobei jedoch die Kuppel von Bild 2 erheblich flacher und damit hinsichtlich ihres Pfeilverhältnisses ungünstiger ist als die Kuppel der Peterskirche. Die letztere, die teilweise in eine Doppelschale aufgelöst ist, hat durchschnittlich eine Gewölbestärke von insgesamt 3 m und ein Gesamtgewicht von rund 10000 t, die in Stahlbeton ausgeführte Kuppel von Bild 2 jedoch eine Wandstärke von nur 6 cm bei einem Gesamtgewicht von 330 t. Diese beiden Beispiele dürften der beste Beweis dafür sein, daß der — wie wir sehen werden — mathematisch nicht immer ganz einfachen Schalentheorie erhebliche praktische Bedeutung und damit Berechtigung zukommt.

2 Rechnungsgrundlagen

2.1 Zur Geometrie der Schalen. Die Gestalt und die Abmessungen eines geraden oder gekrümmten Stabes legen wir dadurch fest, daß wir zunächst den Verlauf der Stabachse und dann für jeden Punkt der Achse den Stabquerschnitt angeben. Ganz entsprechend werden wir bei Schalen von einer Fläche ausgehen. Hierzu wählen wir die sog. *Mittelfläche* (vgl. Bild 3), die als diejenige Fläche definiert ist, die an jeder Stelle die Wandstärke der Schale halbiert. Unter Wandstärke, die wir im folgenden stets mit t bezeichnen wollen, verstehen wir dabei den senkrecht zur Mittelfläche zu messenden Abstand zwischen der inneren und äußeren Begrenzungsfläche der Schale, den sog. Schalenleibungen. Ist die Mittelfläche und an jeder Stelle die Wandstärke gegeben, so ist damit die Form der Schale bekannt.

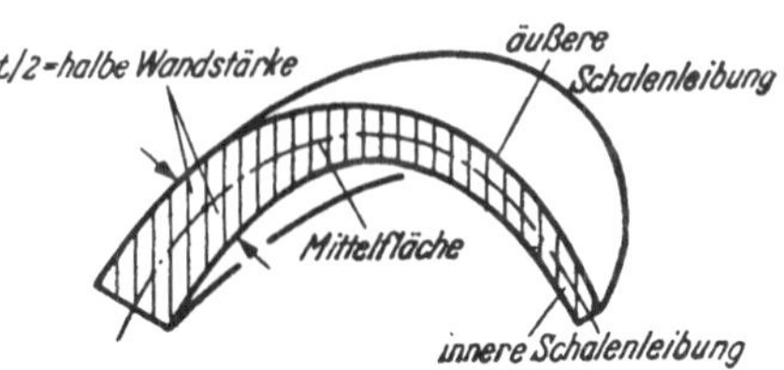

Bild 3. Zur Definition der Mittelfläche

Zur Beschreibung der Mittelfläche ist es für das Folgende von Bedeutung, daß wir uns einige Begriffe aus der Flächentheorie in das Gedächtnis zurückrufen. Legen wir in irgendeinem Punkt der Mittelfläche die Tangentialebene an diese Fläche, was im allgemeinen möglich sein wird, und errichten die Senkrechte auf der Tangentialebene im Berührungspunkt, so erhalten wir die Flächennormale der Schalenmittelfläche oder kurz die *Schalennormale*. Unter Normalschnitten des gerade betrachteten Punktes verstehen wir weiter diejenigen Schnittebenen, welche die Schalennormale enthalten. Jeder Normalschnitt schneidet aus der Mittelfläche eine Kurve heraus, deren Krümmung im Berührungspunkt wir als Normalkrümmung bezeichnen. Im allgemeinen gibt es zwei aufeinander senkrecht stehende Normalschnitte, für welche die Normalkrümmungen ihren größten und kleinsten Wert annehmen, und welche Hauptnormalschnitte heißen. Die beiden stets orthogonalen Kurvenscharen auf der Mittelfläche, deren Tangenten jeweils die Richtungen der Hauptnormalschnitte bestimmen, sind die Krümmungslinien. Zum Beispiel sind bei einer Kreiszylinderfläche die Krümmungslinien die Erzeugenden und die Kreise, die durch Schnitte senkrecht zur Zylinderachse aus der Fläche herausgeschnitten werden. Bei der Erdoberfläche stellen die Meridiane und Breitenkreise ein Netz der Krümmungslinien dar. Für viele Schalenaufgaben erweist es sich als zweckmäßig, die Krümmungslinien als Koordinatenlinien zur Orientierung auf der Mittelfläche zu verwenden, weil sich dabei die einfachsten und übersichtlichsten Formeln ergeben. Wir werden daher im folgenden meist von den Krümmungslinien ausgehen.

2.2 Annahmen und Voraussetzungen. Für die Berechnung der Schalen wird eine Reihe grundlegender Annahmen gemacht, die wir zunächst der Betrachtung voranstellen wollen, um sie dann der Reihe nach zu besprechen. Es wird im allgemeinen angenommen:

1. Die Normalspannungen senkrecht zur Mittelfläche können vernachlässigt werden.
2. Alle Punkte, die vor der Verformung auf einer Normalen zur Mittelfläche liegen, liegen auch noch nach der Verformung auf einer Geraden.
3. Diese Gerade ist ebenfalls Normale zur verformten Mittelfläche.
4. Die Verformungen sind klein im Vergleich zur Wandstärke.

Die Bedeutung und Zulässigkeit dieser Annahmen dürfte am leichtesten klar werden, wenn wir uns davon überzeugen, daß sie eine sinngemäße Erweiterung bzw. Einschränkung der bei biegungsfesten Stäben üblichen Voraussetzungen darstellen. Bei Stäben pflegen wir als erstes die Spannungen senkrecht zur Stabachse, also in zwei Richtungen, gleich Null zu setzen; hier können natürlich nur die Spannungen in einer Richtung, nämlich senkrecht zur Mittelfläche, gestrichen werden, wie es in der ersten Annahme zum Ausdruck kommt. Die zweite Voraussetzung bedeutet nichts anderes als die Übertragung der bekannten Bernoullischen Hypothese vom Ebenbleiben der Querschnitte, die hier zu einer Hypothese vom Geradebleiben der Schalennormalen wird. Zur Erläuterung der dritten Annahme sei daran erinnert, daß bei der Berechnung der Formänderungen biegungsfester Stäbe die durch Querkräfte hervorgerufenen Verformungen (nicht etwa die Querkräfte selbst) in der Regel vernachlässigt werden. Das heißt, daß nach Bild 4a im Vergleich mit Bild 4b die Querschnitte bei der Verformung senkrecht zur Stabachse bleiben. Verlangen wir nun, daß bei der Schale die Normalen bei der Verformung ihren rechten Winkel zur Mittelfläche beibehalten, so bedeutet dieses, daß hier die Querkraftverformungen vernachlässigt werden sollen, die durch quer zur Mittelfläche wirkende Kräfte hervorgerufen werden. Die äußere und innere Schalenleibung sollen sich also gegeneinander nicht verschieben können. Daß der Widerstand der Schale gegenüber derartigen Verformungen sehr groß ist, jedenfalls wesentlich größer als etwa der Widerstand gegenüber Durchbiegungen senkrecht zur Mittelfläche, dürfte auch anschaulich einleuchten.

Die vierte Annahme bedeutet die Beschränkung auf das Gebiet der „klassischen" Elastizitätstheorie kleiner Verschiebungen: Es sollen im Laufe der Rechnung von den auftretenden Verschiebungen nur lineare Glieder berücksichtigt werden. Wir sind danach u. a. berechtigt, beim

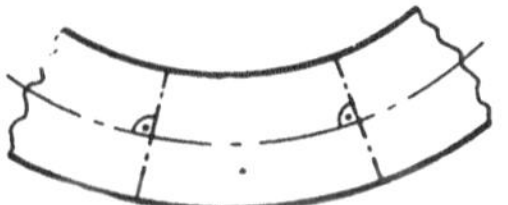

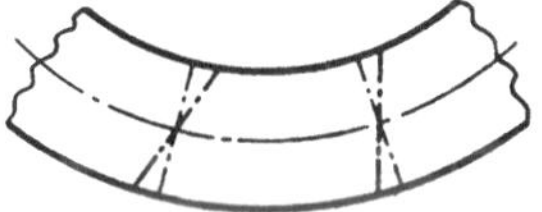

a Gebogener Stab ohne Querkraftverformungen

b Gebogener Stab mit Querkraftverformungen

Bild 4a u. b. Einfluß der Querkraftverformungen bei einem biegungsfesten Stab

Anschreiben von Gleichgewichtsbedingungen den Einfluß von Verformungen auf die Richtung der Kräfte zu vernachlässigen, das Gleichgewicht also am unverformten System zu betrachten. Die auftretenden Verformungen sind stets den angreifenden Kräften proportional, und es gilt das wichtige Superpositionsgesetz, nach dem die Spannungen und Formänderungen von Teilbelastungen überlagert werden dürfen, um den gesamten Spannungs- und Verformungszustand zu erhalten.

Während die ersten drei unserer Annahmen dadurch berechtigt sind, daß die Schalenstärke stets im Vergleich zu den Abmessungen der Mittelfläche klein sein soll, ist die vierte nur dadurch zu verwirklichen, daß wir die Wandstärke auch wiederum nicht zu dünn wählen. Man pflegt deswegen die Theorie, bei der die Annahmen 1. bis 4. gemacht werden, als Theorie *dünner* Schalen zu bezeichnen, während man von *sehr dünnen* Schalen spricht, wenn die vierte Annahme nicht mehr berechtigt ist. Ist umgekehrt nur die vierte Annahme allein zulässig, so kommen wir zu den *dicken* Schalen, die allerdings den Namen „Schalen" nicht mehr ganz zu Recht führen, da sie als dreidimensionale Kontinua berechnet werden müssen. Im folgenden wollen wir uns, ohne das jedesmal ausdrücklich zu betonen, nur mit dünnen Schalen befassen.

II. Membrantheorie der Rotationsschalen

3 Geometrie der Rotationsschalen

Mit den grundlegenden Gedankengängen der Schalentheorie machen wir uns am besten vertraut, wenn wir zunächst nur eine bestimmte Schalengattung betrachten. Hierzu sind am besten die Rotationsschalen geeignet, die zugleich die wichtigste Schalenklasse für den Kuppel- und Behälterbau darstellen.

In Bild 5 ist eine Rotationsschale, so wie sie im Kuppelbau Verwendung finden könnte, angedeutet. Die Mittelfläche entsteht durch Rotation einer Kurve um eine Achse, die wir als *Schalenachse* bezeichnen. Das Netz der Krümmungslinien ergibt sich durch Schnitte der Mittelfläche mit Ebenen, die einmal durch die Schalenachse hindurch gehen, das andere Mal auf ihr senkrecht stehen. Der Anschaulichkeit halber nennen wir die so entstehenden Krümmungslinien in Anlehnung an die bei der Erdkugel übliche Bezeichnung Meridiane und Breitenkreise und die Ebenen, die diese Kurven aus der Mittelfläche ausschneiden, Meridian- und Breitenkreisschnitte.

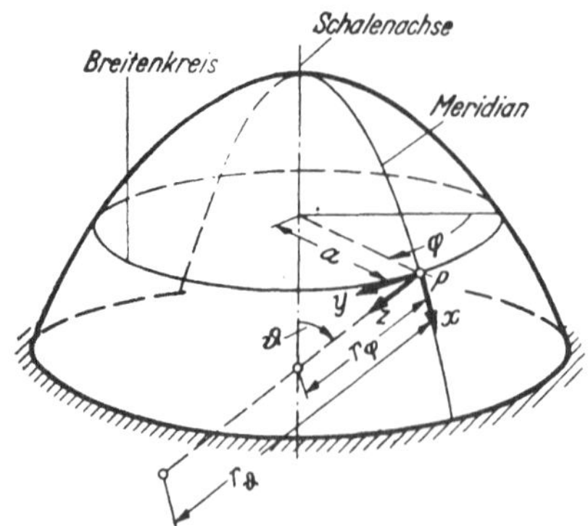

Bild 5. Rotationsschale mit Bezeichnungen

Nach Bild 5 seien folgende Bezeichnungen eingeführt, wobei P ein beliebiger Punkt der Mittelfläche ist:

r_ϑ Krümmungshalbmesser des Meridians,
r_φ Länge der Schalennormalen von Punkt P bis zur Schalenachse,
a Krümmungshalbmesser des Breitenkreises.

Zur Festlegung eines Punktes P der Mittelfläche benutzen wir die Winkel ϑ und φ. Dabei ist

ϑ der Winkel zwischen Schalenachse und Schalennormale und
φ der Winkel zwischen dem zum Punkt P zugehörigen Halbmesser a und einer im Einzelfall zu wählenden Nullrichtung.

Zwischen den Halbmessern a und r_φ besteht die aus Bild 5 abzulesende Beziehung

$$a = r_\varphi \sin \vartheta \,. \tag{1}$$

Der Breitenkreisschnitt ist kein Normalschnitt, da seine Ebene nicht die Schalennormale enthält, sondern mit dem entsprechenden durch die Breitenkreistangente gehenden Hauptnormalschnitt den Winkel $\frac{\pi}{2} - \vartheta$ bildet. Der Krümmungshalbmesser dieses Hauptnormalschnittes ist nun nach einem bekannten Satz von Meusnier gleich $\frac{a}{\cos\left(\frac{\pi}{2} - \vartheta\right)}$. Aus (1) folgt dann aber, daß r_φ gerade dieser Krümmungshalbmesser des Hauptnormalschnittes durch die Breitenkreistangente, also der zweite Hauptkrümmungshalbmesser neben r_ϑ sein muß.

Im Punkte P wollen wir schließlich noch ein rechtwinkliges, rechtshändiges Koordinatensystem x, y, z festlegen, wobei die x-Achse in Richtung der Meridiantangente, die y-Achse in Richtung der Breitenkreistangente und die z-Achse in Richtung der Schalennormalen weist.

4 Rotationsschalen im Kuppelbau

4.1 Belastungen. *4.11 Eigengewicht.* Es seien nun die verschiedenen im Kuppelbau in Frage kommenden Belastungsarten besprochen, wobei es sich insbesondere um die Ermittlung der in x-, y- und z-Richtung auftretenden Belastungskomponenten handeln soll. Die wichtigste Belastung ist die durch Eigengewicht, also durch das Gewicht der tragenden Konstruktion und der Dachhaut. Es möge bedeuten

$p_E \left[\frac{\text{Kraft}}{\text{Fläche}}\right]$ Gewicht der Schale je Einheit der Mittelfläche,

p_x, p_y, p_z die Komponenten von p_E in x-, y-, z-Richtung.

Setzen wir voraus, daß gemäß Bild 5 die Schalenachse senkrecht steht, so ergeben sich nur Belastungskomponenten in x- und z-Richtung, deren Größe sofort nach Bild 6 folgt. Dabei ist ein Flächenelement der Mittelfläche mit dF bezeichnet. Wir erhalten

$$\left.\begin{aligned} p_x &= p_E \sin\vartheta\,, \\ p_y &= 0\,, \\ p_z &= p_E \cos\vartheta\,. \end{aligned}\right\} \qquad (2\text{a, b, c})$$

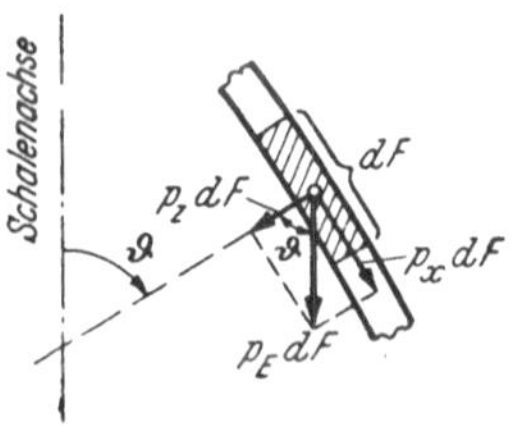

Bild 6. Belastungskomponenten der Rotationsschale bei Eigengewicht

4.12 Schneedruck. Zur Erfassung der Schneelast ist es üblich, eine über die Grundrißfläche der Schale gleichförmig verteilte Belastung anzunehmen. Setzen wir also

$p_S \left[\frac{\text{Kraft}}{\text{Fläche}}\right]$ gleich Schneelast je Einheit des Grundrisses der Mittelfläche,

und verstehen wir unter p_x, p_y, p_z wieder die Komponenten von p_S, so folgt nach Bild 7, zu dem kaum eine weitere Erläuterung erforderlich ist,

$$\left.\begin{aligned} p_x &= p_S \sin\vartheta \cos\vartheta\,, \\ p_y &= 0\,, \\ p_z &= p_S \cos^2\vartheta\,. \end{aligned}\right\} \qquad (3\text{a, b, c})$$

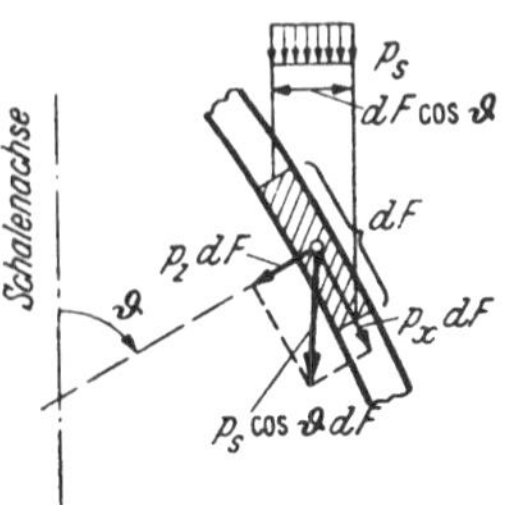

Bild 7. Belastungskomponenten der Rotationsschale bei Schneedruck

4.13 Winddruck. Die Windbelastung der Schalen setzt sich aus luvseitigen Druckkräften und leeseitigen Sogkräften zusammen. Dabei ist nur die senkrecht zur Mittelfläche wirkende Belastungskomponente p_z von Wichtigkeit, während die durch Reibungskräfte bedingten Komponenten p_x und p_y praktisch gleich Null sind. Die Winddruckverteilung im einzelnen ist bisher nur für kreiszylindrische und kugelförmige Körper durch Messungen genauer erforscht. Zum Beispiel gilt im Mittel für kreiszylindrische Körper mit rauher Oberfläche die in Bild 8a dargestellte Druckverteilung.

Um auch für beliebige Rotationsschalen eine Berechnung auf Winddruck durchführen zu können, sind wir auf Annahmen angewiesen. Es

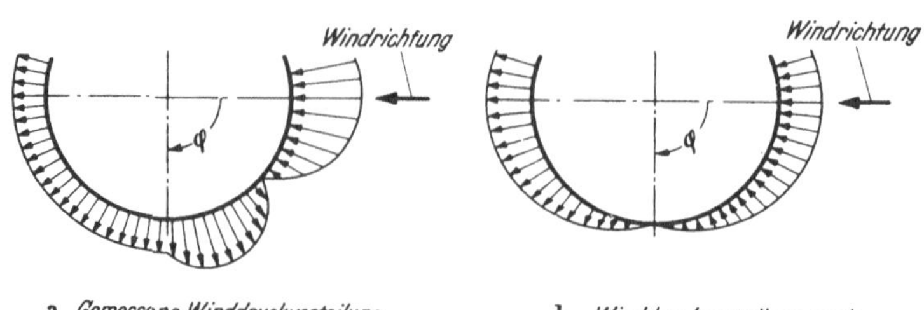

Bild 8a u. b. Vergleich zwischen gemessener und angenommener Winddruckverteilung bei einem Kreiszylinder. [Messungen nach DIN 1055, Bl. 4 (1938).]

ist üblich und zugleich im Interesse einer möglichst einfachen Rechnung am zweckmäßigsten, folgenden Ansatz zu verwenden:

$$\left.\begin{aligned} p_x &= 0\,, \quad p_y = 0\,, \\ p_z &= p_W \sin\vartheta\cos\varphi\,. \end{aligned}\right\} \tag{4a, b, c}$$

Dabei ist

$p_W \left[\frac{\text{Kraft}}{\text{Fläche}}\right]$ die Windlast je Einheit der Mittelfläche bei $\varphi = 0$, $\vartheta = \frac{\pi}{2}$,

wobei $\varphi = 0$ als der Winkel festgelegt sei, bei dem die z-Achse in Windrichtung zeigt.

Die Beziehung (4) bedeutet für die Meridian- und Breitenkreisschnitte eine sinusförmige Verteilung des Winddrucks, die allerdings mit den wirklichen Verhältnissen nur in sehr roher Näherung übereinstimmt. Der Einheitlichkeit halber wollen wir im folgenden das Gesetz (4) auch für Zylinder- und Kugelschalen verwenden, zumal die Benutzung genauerer Gesetze die Rechnung gleich erheblich schwieriger gestalten würde. In Bild 8b ist die sich nach (4) für einen zylindrischen Behälter ergebende Druckverteilung zum Vergleich mit der gemessenen Verteilung nach Bild 8a dargestellt.

Den Belastungsbeiwert p_W setzen wir so fest, daß die gesamte auf die Schale wirkende Windkraft, die mit W bezeichnet sei, den in den Winddruckvorschriften angegebenen Wert annimmt. Die Belastungskomponente p_z bildet nach Bild 5 mit der Windrichtung die Winkel $\left(\frac{\pi}{2} - \vartheta\right)$ und φ, wenn wir die Richtung $\varphi = 0$ nach Bild 8 in Windrichtung legen. Die auf ein Element $\mathrm{d}F$ der Mittelfläche entfallende Windlast $p_z\,\mathrm{d}F$ hat also in Windrichtung die Komponente $p_z \,\mathrm{d}F \cos\left(\frac{\pi}{2} - \vartheta\right) \cos\varphi$. Durch Integration über die ganze Mittelfläche F bekommen wir dann die Windkraft W zu

$$W = \int\limits_{(F)} p_z \sin\vartheta \cos\varphi \,\mathrm{d}F$$

und mit Benutzung von (4)

$$W = p_W \int\limits_{(F)} \sin^2\vartheta \cos^2\varphi \,\mathrm{d}F\,. \tag{5}$$

Es sei ferner in üblicher Bezeichnungsweise

$$W = c\,q\,F_M \tag{6}$$

mit

c Widerstandsbeiwert,
q Staudruck,
F_M Fläche der Projektion der Schale in Windrichtung,

wobei wir für F_M unter Vernachlässigung der Schalendicke mit vollvollkommen ausreichender Genauigkeit die Fläche eines Meridianschnittes an Stelle der waagerechten Projektion des Schalenumrisses setzen können. Aus (5) und (6) bekommen wir dann

$$p_W = \frac{c\,q\,F_M}{\int\limits_{(F)} \sin^2\vartheta \cos^2\varphi \,\mathrm{d}F}.$$

Die Auswertung dieses Integrals liefert z. B. für eine Kugel $p_W = \frac{3}{4}\,c\,q$ und für einen Kreiszylinder $p_W = \frac{2}{\pi}\,c\,q$. Der Widerstandsbeiwert c liegt in diesen beiden Fällen ungefähr bei 0,35 bzw. 0,7[1], so daß bei der Kugel

$$p_W = 0{,}26\,q$$

und beim Zylinder

$$p_W = 0{,}45\,q$$

zu setzen wäre. Diese beiden Werte werden meist ausreichen, um auch für andere praktisch in Frage kommende Rotationsschalen die Windbelastung abschätzen zu können.

4.2 Schnittgrößen. Zur Bemessung eines Tragwerkes ist die Kenntnis der durch die Belastung erzeugten Spannungen notwendig. Zu ihrer Ermittlung gehen wir bei biegungsfesten Stäben stets so vor, daß wir zunächst die an der betreffenden Stelle wirkenden Schnittgrößen, d. h. die Längskraft, die Querkräfte, die Biegemomente und gegebenenfalls noch das Drillmoment berechnen, aus denen sich dann nach bekannten Regeln die Spannungen ergeben. Den gleichen Weg werden wir auch bei Schalen einschlagen.

---

[1] DIN 1055, Blatt 4 (1938).

Wir betrachten zu diesem Zweck nach den Bildern 9a, b, c die Kraftverteilung in Schnitten, die wir längs eines Meridians und eines Breitenkreises senkrecht zur Mittelfläche führen. Während wir jedoch bei einem Stab die Schnittgrößen als resultierende Kräfte bzw. Momente aller Spannungen eines Querschnittes erhalten, können wir jetzt die Spannungen

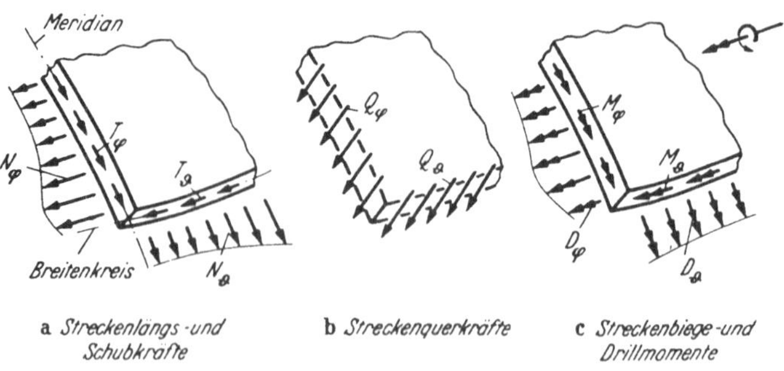

a *Streckenlängs- und Schubkräfte* b *Streckenquerkräfte* c *Streckenbiege- und Drillmomente*

Bild 9a—c. Schnittgrößen der Rotationsschalen

nur noch durch Integration über die Wandstärke zu Resultierenden zusammenfassen, da die Änderung der inneren Kräfte längs der Meridiane und Breitenkreise gerade wesentlich ist. Wenn wir also beim Stab z. B. eine Längskraft bekommen, so erhalten wir bei der Schale eine längs eines Meridians oder Breitenkreises veränderliche Längskraft je Längeneinheit. Wir bezeichnen sie am besten als *Streckenlängskraft*, genau so, wie wir in der elementaren Statik auch von einer Streckenbelastung zum Unterschied von Einzellasten sprechen. Auch die Schubspannungen fassen wir zu entsprechenden Streckenkräften zusammen, während wir der Ungleichmäßigkeit der Spannungsverteilung über die Wandstärke durch Einführung von *Streckenmomenten* Rechnung tragen.

Wir bekommen so folgende Schnittgrößen der Rotationsschale, die in Bild 9a—c dargestellt sind und dabei lediglich der Übersichtlichkeit halber auf drei verschiedene Figuren verteilt sind:

Streckenlängskräfte	$\left[\frac{\text{Kraft}}{\text{Länge}}\right]$	N_ϑ, N_φ,	Streckenbiegemomente	$\left[\frac{\text{Kraft}\cdot\text{Länge}}{\text{Länge}}\right]$	M_ϑ, M_φ,
Streckenschubkräfte	$\left[\frac{\text{Kraft}}{\text{Länge}}\right]$	T_ϑ, T_φ,	Streckendrillmomente	$\left[\frac{\text{Kraft}\cdot\text{Länge}}{\text{Länge}}\right]$	D_ϑ, D_φ.
Streckenquerkräfte	$\left[\frac{\text{Kraft}}{\text{Länge}}\right]$	Q_ϑ, Q_φ,			

Die positive Richtung dieser Größen geht ohne weiteres aus den Bildern 9 hervor. Sie ist einheitlich so gewählt, daß die Kräfte- und Momentenvektoren an den gezeichneten Schnittflächen in Richtung positiver Koordinaten wirken. Die Streckenlängskräfte ergeben sich z. B. auf diese

Weise positiv als Zugkräfte. In der Statik der Stäbe ist es üblich, die Worte Querkraft und Schubkraft nebeneinander für denselben statischen Begriff zu verwenden. Hier erweist es sich als zweckmäßig, zwischen Streckenschubkräften und Streckenquerkräften einen Unterschied zu machen. Dabei sollen nach Bild 9a die Schubkräfte *in* der Mittelfläche wirken; sie sind also bestrebt, ein kleines Rechteck, das wir auf die unverzerrte Mittelfläche aufzeichnen, in ein Parallelogramm zu verzerren. Die Streckenquerkräfte sind dagegen Resultierende von Schubspannungen, die *quer* zur Mittelfläche wirken. Zur Darstellung der Streckenmomente in Bild 9c sind Momentenvektoren verwendet, die durch Doppelpfeile von den Kraftvektoren unterschieden sind. Die Momentenvektoren sollen dabei im Sinne einer Rechtsschraube einem Moment entsprechen, das in Pfeilrichtung gesehen rechts herum dreht.

4.3 Annahmen des Membranspannungszustandes. Für die Berechnung der Schnittgrößen der Schalen stehen uns in erster Linie die Gleichgewichtsbedingungen zur Verfügung. Zu ihrer Anwendung können wir so vorgehen, daß wir ein Element aus der Schale herausschneiden und für die daran angreifenden Kräfte und Momente das Kräftegleichgewicht in drei Richtungen und das Momentengleichgewicht um drei Achsen anschreiben. Das wären sechs Bedingungen. Unbekannt sind aber zehn Schnittkräfte! Daraus folgt sofort, daß es im allgemeinen nicht möglich ist, alle Schnittgrößen allein aus Gleichgewichtsbedingungen zu bestimmen, daß also die Kräfteverteilung in Schalen statisch unbestimmt ist. Da diese Unbestimmtheit unabhängig von der Lagerung der Schale bereits für jedes Schalenelement auftritt, können wir die Schale in dem angegebenen Sinn als „innerlich" statisch unbestimmt bezeichnen. Zur Lösung einer Schalenaufgabe müßten wir also den Verformungszustand in unsere Betrachtung mit einbeziehen.

Glücklicherweise ist es aber möglich, die umständliche Berechnung des statisch unbestimmten Kräftezustandes durch Anwendung einer Näherungstheorie zu umgehen, die zwar nicht immer, aber doch in sehr vielen Fällen recht brauchbare Ergebnisse liefert. Es ist dies die sog. *Membrantheorie.* Ihre Berechtigung und ihre Erfolge hängen unmittelbar mit dem eingangs bereits erwähnten eigentümlichen Kräftespiel in gekrümmten Flächenträgern zusammen. Es ist infolgedessen von Bedeutung, die Annahmen der Membrantheorie ausführlich zu erläutern. Wir gehen dazu am besten wieder von bekannten Dingen der elementaren Baustatik aus.

Bei der Berechnung ebener Fachwerke pflegen wir vorauszusetzen, daß die einzelnen Stäbe in den Knotenpunkten ideal gelenkig, d. h. momentenfrei miteinander verbunden sind. Es treten dann in den Stäben nur Längskräfte, aber keine Biegemomente und Querkräfte auf. Die Rechnung wird dadurch ganz erheblich vereinfacht; häufig entsteht durch die Vernachlässigung der Stabmomente ein statisch bestimmtes System. Die

Voraussetzung gelenkiger Knoten ist jedoch – von wenigen Ausnahmefällen abgesehen – durch die konstruktive Ausbildung der Fachwerke keineswegs berechtigt. Wir brauchen nur an die Gurte eines Fachwerkträgers zu denken, die in der Regel über einen Knoten durchlaufen, so daß dort ihre Biegesteifigkeit durchaus nicht gleich Null, sondern infolge des Knotenbleches eher größer ist als an jeder anderen Stelle. Die Brauchbarkeit der Fachwerktheorie hat vielmehr einen anderen, und zwar folgenden Grund. Wenn wir ein Fachwerk mit biegungssteifen Stabanschlüssen als mehrfach statisch unbestimmtes System rechnen und dabei das zugehörige ideale Fachwerk als Hauptsystem benutzen, die Stabmomente also als Unbestimmte einführen, so ergeben sich für diese Unbekannten tatsächlich so kleine Werte, daß wir sie praktisch gleich Null setzen können. Das heißt die auftretenden Biegespannungen erweisen sich im Rechen*ergebnis* als vernachlässigbare „Nebenspannungen".

Es ist allerdings nicht ohne weiteres anschaulich einzusehen, daß die Verformungsbedingungen, aus denen die Unbestimmten zu berechnen sind, dann erfüllt werden, wenn die Biegemomente des Fachwerks fast verschwinden. Wir können uns jedoch das Ergebnis klarmachen, wenn wir uns an das CASTIGLIANOsche Prinzip vom Minimum der Formänderungsarbeit erinnern. Danach erfüllt bei einem statisch unbestimmten System von allen die Gleichgewichtsbedingungen befriedigenden inneren Kräftezuständen derjenige auch die Verformungsbedingungen, für den die im System aufgespeicherte Formänderungsarbeit ein Minimum wird. Wenn wir nun etwa einen einseitig eingespannten Balken am freien Ende durch dieselbe Einzelkraft einmal in Stabachsenrichtung und das andere Mal quer zur Stabachse belasten, so ist die Formänderungsarbeit bei normalen Stabquerschnitten im zweiten Fall erheblich größer als im ersten Fall. Wir können dieses leicht ausrechnen oder auch unmittelbar mit der Anschauung bestätigen, wenn wir an die auftretenden Verformungen denken. Dementsprechend wird aber auch allgemein bei einem Fachwerk die Formänderungsarbeit für diejenige Verteilung der inneren Kräfte am kleinsten sein, bei der die Belastung ohne nennenswerte Biegemomente zu den Auflagern geleitet wird. Es muß infolgedessen der Zustand ganz ohne Biegemomente, der beim Fachwerk den Gleichgewichtsbedingungen nach möglich ist, dem wirklichen Zustand recht nahe kommen.

Durch diese vom Fachwerk her bekannten und in ihrer Richtigkeit immer wieder bestätigten Zusammenhänge wird zweifellos der Versuch nahegelegt, auch bei den Schalen eine Näherungstheorie zu verwenden, bei der alle Querkräfte und Momente vernachlässigt werden. Wir hätten danach Q_ϑ, Q_φ, M_ϑ, M_φ, D_ϑ und D_φ gleich Null zu setzen, so daß nur die Längskräfte N_ϑ, N_φ und die Schubkräfte T_ϑ, T_φ übrigbleiben. Hierdurch gelangen wir aber schon zur *Membrantheorie, die also in der Ver-*

nachlässigung der Querkräfte, Biegemomente und Drillmomente besteht. Der Name dieser Theorie erscheint insofern berechtigt, als in einer Membran — etwa in einem gespannten Trommelfell — auch keine Biegespannungen auftreten, wenn auch sonst eine Membran weder ihrer Gestalt noch ihrem Spannungszustand nach etwas mit einer Schale gemein hat.

So einleuchtend die Annahmen der Membrantheorie im Hinblick auf das Fachwerk zunächst erscheinen, so schwerwiegend sind aber auch die Bedenken, die sich einstellen, wenn wir die Annahmen etwas näher hinsichtlich ihrer Brauchbarkeit untersuchen. Die Bedenken ergeben sich aus der Überlegung, daß eine Schale schließlich kein Fachwerk ist, die Übertragung der an Linienträgern gewonnenen Erkenntnisse auf Flächenträger also nicht ohne weiteres zulässig sein kann. Sie sind im einzelnen zweierlei Art. Erstens ist es fraglich, ob bei Schalen genau wie bei Stäben die Formänderungsarbeit stets durch möglichst kleine Momente zu einem Minimum wird. Die Untersuchung dieser wichtigen Frage führen wir jedoch am besten erst später an Hand besonderer Beispiele durch und wollen sie deshalb zunächst zurückstellen. Zweitens ist es aber nicht einmal von vornherein gesagt, daß überhaupt die *Voraussetzungen* des CASTIGLIANOschen Prinzips erfüllt sind, wenn wir die Querkräfte, Biege- und Drillmomente streichen. Das Minimum der Formänderungsarbeit führt nämlich nur dann zum wirklichen Spannungszustand, wenn wir Zustände miteinander vergleichen, die sämtlich die Gleichgewichtsbedingungen erfüllen. Das ist aber vom Membranspannungszustand noch nachzuweisen, und damit wollen wir uns zunächst befassen.

Es lassen sich dazu sofort einfache Beispiele angeben, bei denen die Gleichgewichtsbedingungen bestimmt *nicht* erfüllt sind. Betrachten wir etwa nach Bild 10a eine Rotationsschale, die am unteren Rand in waagerechter Richtung verschieblich ist, so können dabei nur Lagerkräfte in senkrechter Richtung auftreten. Andererseits wirken aber die Streckenlängskräfte N_ϑ in der Schale in Richtung des Meridians. Für das in Bild 10a angedeutete Randelement kann dann unmöglich Gleichgewicht bestehen, da die quer zur Mittelfläche wirkende Komponente der Lagerkraft in der Schale keine Gegenkraft findet. Wir können die Schwierigkeit umgehen, indem wir nach Bild 10b eine Lagerung anordnen, bei der die Lagerkräfte so eingeleitet werden, wie es die Membrantheorie erfordert. Immerhin läßt sich aus diesem Beispiel schon der allgemeingültige Schluß ziehen, *daß die Membrantheorie nur bei geeigneten Rand-*

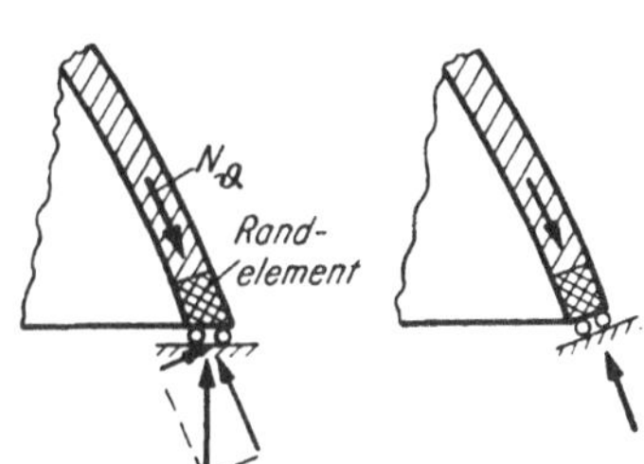

Bild 10a u. b. Abhängigkeit des Gleichgewichtes der Membrankräfte von den Auflagerbedingungen einer Schale

bedingungen brauchbar ist, bei denen kein Widerspruch zu den Gleichgewichtsbedingungen auftritt.

Ein weiteres Beispiel zeigt Bild 11a, nach dem eine Schale senkrecht zur Mittelfläche, also in Richtung der z-Achse durch eine Einzellast beansprucht wird. Für das Element der Schale, an dem die Last angreift, besteht dann ebenfalls kein Gleichgewicht. Bei endlicher Größe des Elementes wäre es zwar denkbar, daß die Längskräfte N_ϑ und ebenso die in Bild 11 nicht dargestellten Größen N_φ infolge der Schalenkrümmung in Richtung der Einzellast Komponenten von gerade solcher Größe haben, daß die Gleichgewichtsbedingungen erfüllt sind; wir brauchen jedoch nur das Element hinreichend klein zu wählen, um diese Komponenten gegenüber der angreifenden Last mit beliebiger Genauigkeit zu Null werden zu lassen. Danach sind *Einzellasten senkrecht zur Mittelfläche mit der Membrantheorie nicht verträglich.* Eine Ausnahme von dieser Regel zeigt allerdings Bild 11b: Wenn die Mittelfläche im Angriffspunkt der Einzellast eine Spitze hat, z. B. im Scheitel einer Spitzkuppel, so können zweifellos die inneren Kräfte der Schale bei passender Größe mit der Last im Gleichgewicht stehen.

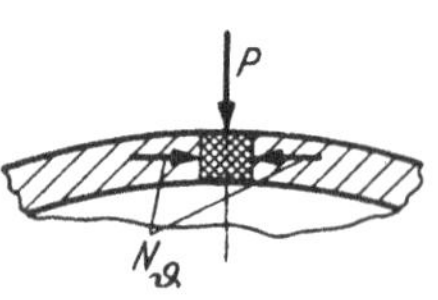

a *kein Gleichgewicht*

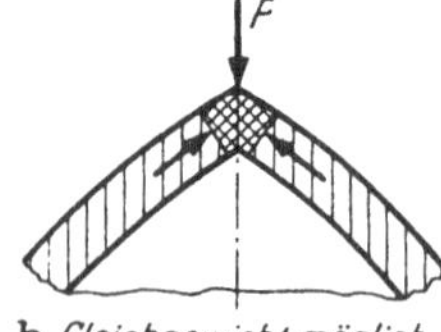

b *Gleichgewicht möglich*

Bild 11a u. b. Gleichgewicht der Membrankräfte bei Einzellasten

Die beiden bisher angeführten Beispiele lassen erkennen, daß in einzelnen Bereichen bzw. einzelnen Stellen der Schale, nämlich längs der Auflagerränder und in Angriffspunkten von Einzellasten, die Gleichgewichtsbedingungen verletzt werden können. Es ist jedoch auch denkbar, daß diese Verletzung für jedes einzelne Element des Flächenträgers eintritt. Dieses ist sicherlich der Fall, wenn wir vom räumlich gekrümmten Flächenträger zur Platte übergehen; denn eine senkrecht zu ihrer Mittelfläche belastete Platte hat ohne Inanspruchnahme von Biegemomenten überhaupt keine Tragfähigkeit. Nun wollen wir uns zwar hier mit den Platten, wenn sie auch ein Sonderfall der Schalen sind, nicht näher beschäftigen. Das Beispiel der Platte bekräftigt aber die Vermutung, daß auch bei den gekrümmten Schalen die Gleichgewichtsbedingungen am einzelnen Element vielleicht überhaupt nicht oder jedenfalls nur unter bestimmten Voraussetzungen erfüllt sind. Zur Nachprüfung dieser Vermutung wollen wir zunächst folgende Betrachtung anstellen, bei der wir die statische Wirkungsweise einer Schale in stark vereinfachter Form untersuchen.

Nach Bild 12 schneiden wir aus einer Rotationsschale einen schmalen Bogen von der Breite b heraus, dessen Achse durch eine Meridiankurve dargestellt wird. Die Kräfteverteilung in diesem Bogen wird voraussichtlich mit der Verteilung in der wirklichen Schale wenigstens ungefähr übereinstimmen. Die Belastung der Schale sei Schneedruck. Für den Bogen bekommen wir dann eine konstante Streckenkraft $p_S\, b$ je Längeneinheit der Projektion der Bogenachse. Die verwendeten Bezeichnungen gehen im übrigen aus Bild 12 hervor.

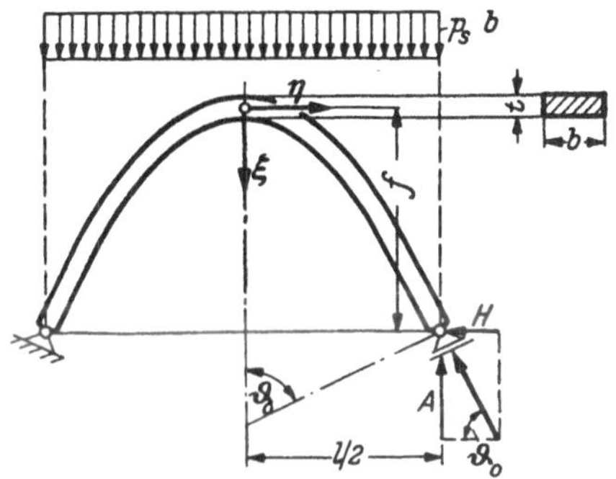

Bild 12. Aus einer Rotationsschale herausgeschnittener Bogen

Wir wollen feststellen, unter welchen Voraussetzungen der Membrantheorie entsprechend in dem Bogen ein biegungsfreier Gleichgewichtszustand möglich ist. Dazu ist es zuerst notwendig, wie in Bild 12 angedeutet, die Auflagerbedingungen so zu wählen, daß sie mit der Membrantheorie im Einklang sind. Ferner ergibt sich für die Auflagerkräfte

$$A = p_S\, b \frac{l}{2},$$

$$H = A \cot \vartheta_0 = p_S\, b \frac{l}{2} \cot \vartheta_0$$

und für das Biegemoment M_η an einer beliebigen durch die Ordinate η gekennzeichneten Stelle

$$M_\eta = A\left(\frac{l}{2} - \eta\right) - H\,(f - \xi) - \frac{p_S\, b}{2}\left(\frac{l}{2} - \eta\right)^2,$$

oder statt dessen auch nach Einführung der Ausdrücke für A und H

$$M_\eta = \frac{p_S\, b}{2}\left[\frac{l^2}{4} - l \cot \vartheta_0 f - (\eta^2 - l \cot \vartheta_0\, \xi)\right].$$

Danach verschwindet M_η identisch, wenn erstens

$$\frac{l^2}{4} - l \cot \vartheta_0 f = 0$$

ist und zweitens für alle Werte von ξ und η die runde Klammer in dem Ausdruck für M_η zu Null wird. In dieser zweiten Bedingung ist jedoch die erste als Sonderfall für $\xi = f$ und $\eta = \frac{l}{2}$ mit enthalten, so daß das Verschwinden von M_η schon gesichert ist, wenn

$$\eta^2 = l \cot \vartheta_0\, \xi$$

ist. Das ist aber die Gleichung einer Parabel, deren Scheitel im Nullpunkt des Koordinatenssystems ξ, η liegt.

Wir haben damit ein bekanntes Ergebnis der Theorie der ebenen Bögen noch einmal ausführlich wiederholt. Es sagt aus, daß biegungsfreies Gleichgewicht nur möglich sein kann, wenn die Bogenachse eine ganz bestimmte Form hat, die je nach der Belastung verschieden ist. Wir nennen diese ausgezeichnete Form die Stützlinie für die betreffende Belastung. Die Stützlinientheorie ist für Bögen des Massivbaues mit großem Eigengewicht von erheblicher Bedeutung. Wenn man dort die Bogenachse für einen zweckmäßig gewählten mittleren Wert der verschiedenen in Betracht kommenden Belastungen nach der Stützlinie formt, so bekommt man eine besonders gute Baustoffausnutzung, da dann der Bogen im Mittel keine Biegemomente aufzunehmen hat.

Wenn nun die Ähnlichkeit der Wirkungsweise eines Bogens und einer Schale wenigstens grundsätzlich besteht, so bedeutet die gewonnene Erkenntnis, daß bei der Membrantheorie die Gleichgewichtsbedingungen an jedem Schalenelement bei gegebener Belastung nur durch eine ganz bestimmte Form der Mittelfläche und bei gegebener Mittelfläche nur durch eine ganz bestimmte Belastungsart erfüllt werden können. An die Stelle der Stützlinie würde dann die „Stützfläche" treten. Die Membrantheorie würde dann nur in ganz besonderen Fällen brauchbar sein und praktisch nur geringe Bedeutung haben. Die genauere Untersuchung dieser Vermutung sei unser nächstes Ziel.

4.4 Gleichgewicht am Schalenelement. Wir wollen das Gleichgewicht am einzelnen Schalenelement betrachten, wenn nur die Kräfte der Membrantheorie wirken. Wir schneiden nach Bild 13 ein derartiges Element aus der Schale durch Schnitte senkrecht zur Mittelfläche längs zweier benachbarter Meridiane und Breitenkreise heraus. Die Kanten der Mittelfläche $ABCD$ des Elementes haben die Längen $r_\vartheta\, d\vartheta$ und $a\, d\varphi$. Die am Element angreifenden Kräfte sind in Bild 13 eingezeichnet. Die an den Kanten AB und AD wirkenden Kräfte ergeben sich einfach durch Multiplikation der Streckenlängskräfte mit den zugehörigen Kantenlängen. Zu den Schnittkanten BC und CD gelangen wir dadurch, daß sich φ um $d\varphi$ und ϑ um $d\vartheta$ ändert. Dementsprechend haben auch die Schnittkräfte an diesen Kanten einen Zuwachs erfahren, der aus Bild 13 hervorgeht. Glieder von der Größenordnung dieser Änderungen, also Glieder von der

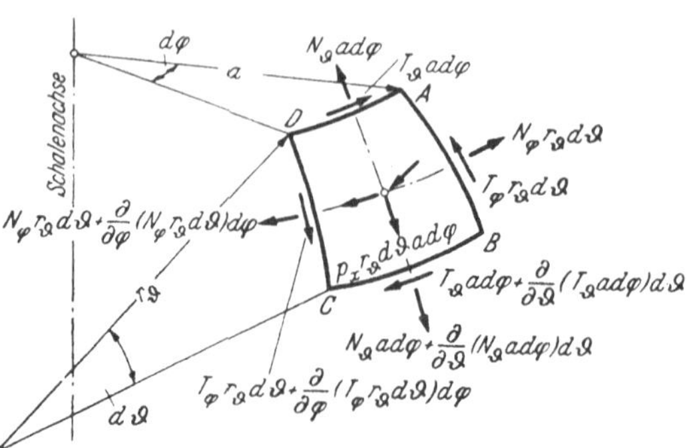

Bild 13. Element einer Rotationsschale mit den Kräften der Membrantheorie

Ordnung des Produktes $\mathrm{d}\varphi\,\mathrm{d}\vartheta$ müssen wir im folgenden berücksichtigen, damit wir überhaupt ein nicht-triviales Ergebnis der Gleichgewichtsbetrachtung erhalten. Schließlich ist noch die Belastung des Elementes zu beachten, die wir uns im Schwerpunkt des Elementes angreifend denken wollen. Wir erhalten sie durch Multiplikation der Komponenten p_x, p_y, p_z der Flächenbelastung mit dem Flächenelement $r_\vartheta\,\mathrm{d}\vartheta\,a\,\mathrm{d}\varphi$. Der Übersichtlichkeit halber ist in Bild 13 nur die Belastungskomponente in x-Richtung näher bezeichnet.

Für das Element stehen insgesamt sechs Gleichgewichtsbedingungen zur Verfügung. Wir wählen hierzu zweckmäßig die Kräftegleichgewichtsbedingungen in Richtung der Achsen x, y, z und die Momentengleichgewichtsbedingungen um diese Achsen. Beginnen wir mit der Betrachtung der letzteren, so erkennen wir, daß das Gleichgewicht um die x- und y-Achse, also um die Meridian- und Breitenkreistangente, stets ohne weiteres gesichert ist; denn sämtliche Schnittkräfte wirken in der Mittelfläche und liefern folglich um die Achsen x und y keine Momente, sobald wir von Gliedern absehen, die von höherer Ordnung klein sind als der Zuwachs der Schnittkräfte und die Belastung des Elementes. Anders verhält es sich jedoch mit dem Momentengleichgewicht um die Schalennormale. Dieses wird durch nachstehende Beziehung zum Ausdruck gebracht, wenn wir — wie wir es im folgenden stets tun wollen — Glieder höherer Ordnung gleich fortlassen:

$$T_\vartheta\, a\,\mathrm{d}\varphi\, r_\vartheta\,\mathrm{d}\vartheta - T_\varphi\, r_\vartheta\,\mathrm{d}\vartheta\, a\,\mathrm{d}\varphi = 0\,.$$

Nach Division durch das Flächenelement $r_\vartheta\,\mathrm{d}\vartheta\,a\,\mathrm{d}\varphi$ folgt daraus

$$T_\vartheta = T_\varphi\,. \tag{7}$$

Die beiden Streckenschubkräfte sind also einander gleich, eine Erkenntnis, die sich dem bekannten Satz von der Gleichheit der einander zugeordneten Schubspannungen an die Seite stellt. Es ist allerdings zu beachten, daß wir dieses Ergebnis nur für die Kräfte der Membrantheorie gewonnen haben, und dasselbe noch nicht ohne weiteres in der genauen Theorie bei Berücksichtigung der Querkräfte, Biegemomente und Drillmomente gilt. In der Tat läßt sich auch zeigen, daß in der genauen Theorie im allgemeinen $T_\varphi \neq T_\vartheta$ ist, wenn auch der Unterschied nicht groß ist und fast immer vernachlässigt werden darf.

Für das Kräftegleichgewicht in x-Richtung, also in Richtung der Meridiantangente, erhalten wir folgende Beziehung

$$\frac{\partial}{\partial\vartheta}(N_\vartheta\, a\,\mathrm{d}\varphi)\,\mathrm{d}\vartheta + \frac{\partial}{\partial\varphi}(T_\varphi\, r_\vartheta\,\mathrm{d}\vartheta)\,\mathrm{d}\varphi - N_\varphi\, r_\vartheta\,\mathrm{d}\vartheta\,\mathrm{d}\varphi\cos\vartheta + {} \\ {} + p_x\, r_\vartheta\,\mathrm{d}\vartheta\, a\,\mathrm{d}\varphi = 0\,. \tag{8a}$$

Das erste Glied dieser Gleichung ist als Summe der an den Kanten BC und AD angreifenden Längskräfte ohne weiteres erklärlich. Ebenso ergibt sich das zweite Glied als Summe der an den Kanten CD und AB in x-Richtung wirkenden Schubkräfte. Das dritte Glied bedarf jedoch näherer Erläuterung.

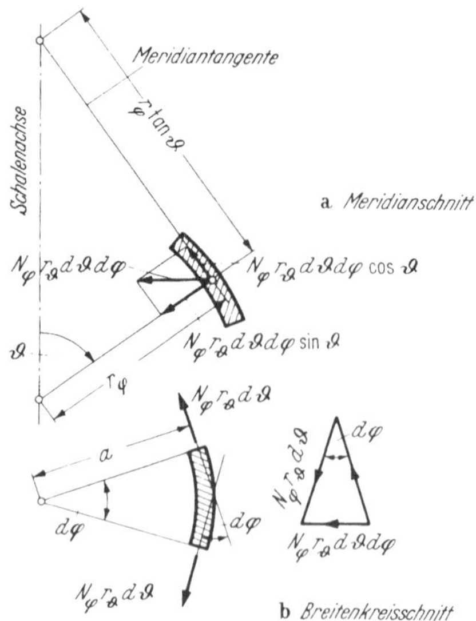

Bild 14a u. b. Meridian- und Breitenkreisschnitt durch ein Schalenelement mit den Streckenlängskräften N_φ

In Bild 14a ist ein Meridianschnitt und in Bild 14b ein Breitenkreisschnitt durch das Schalenelement dargestellt. Dabei sind nur die Längskräfte $N_\varphi r_\vartheta \, d\vartheta$ mit ihren Komponenten eingetragen. Der Zuwachs dieser Längskräfte ist gleich fortgelassen, da sein Einfluß für unsere Betrachtung von höherer Ordnung klein ist. Aus Bild 14b erkennen wir, daß die beiden Schnittgrößen $N_\varphi r_\vartheta \, d\vartheta$ den Kontingenzwinkel $d\varphi$ miteinander bilden. Sie haben infolgedessen eine Resultierende $N_\varphi r_\vartheta \, d\vartheta \, d\varphi$, die zur Schalenachse hinweist. Zerlegen wir diese in der waagerechten Ebene des Breitenkreisschnittes liegende Resultierende, wie aus Bild 14a hervorgeht, in ihre Komponenten in Richtung der x- und z-Achse, so stellen wir fest, daß für das Gleichgewicht in positiver x-Richtung das in Frage stehende Glied $N_\varphi r_\vartheta \, d\vartheta \, d\varphi \cos\vartheta$ in Betracht kommt.

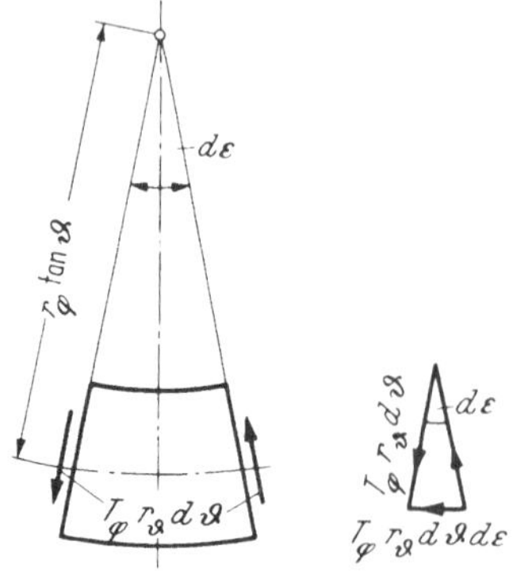

Bild 15. Projektion eines Schalenelementes mit den Streckenschubkräften T_φ in Richtung der Schalennormalen

Als letztes Glied in (8a) erscheint der Belastungsanteil, der in Bild 13 eingetragen ist.

Für das Gleichgewicht in y-Richtung bekommen wir die Bedingung

$$\frac{\partial}{\partial\varphi}(N_\varphi r_\vartheta \, d\vartheta) \, d\varphi + \frac{\partial}{\partial\vartheta}(T_\vartheta \, a \, d\varphi) \, d\vartheta +$$
$$+ T_\varphi r_\vartheta d\vartheta \frac{a \, d\varphi}{r_\varphi \operatorname{tg}\vartheta} + p_y r_\vartheta d\vartheta \, a \, d\varphi = 0. \quad (8\text{b})$$

Die ersten beiden Glieder und das letzte folgen sofort nach Bild 13. Das dritte Glied muß dagegen wieder näher erläutert werden. In Bild 15 ist die Projektion des Schalenelementes in Richtung der Schalennormalen mit den Schubkräften $T_\varphi r_\vartheta \, d\vartheta$ dargestellt. Danach bilden die Schubkräfte einen Winkel miteinander, den wir mit $d\varepsilon$ bezeichnen wollen, und der zur Folge hat, daß eine Komponente $T_\varphi r_\vartheta \, d\vartheta \, d\varepsilon$

in y-Richtung entsteht. Es handelt sich nur noch darum, $d\varepsilon$ durch die bisher verwendeten Größen auszudrücken. Im Vergleich mit Bild 14a läßt sich leicht feststellen, daß das Längenelement $a\,d\varphi$ des Breitenkreises auch gleich $r_\varphi \tan\vartheta\, d\varepsilon$ sein muß, so daß sich $d\varepsilon = \frac{a\,d\varphi}{r_\varphi \tan\vartheta}$ ergibt und damit der Beitrag $T_\varphi r_\vartheta\, d\vartheta \frac{a\,d\varphi}{r_\varphi \tan\vartheta}$ zu (8b) gefunden ist.

Die noch ausstehende Gleichgewichtsbedingung für das Kräftegleichgewicht in Richtung der z-Achse enthält als erstes einen Beitrag $N_\vartheta\, a\, d\varphi\, d\vartheta$ der Meridianlängskräfte, da diese wegen der Meridiankrümmung den Winkel $d\vartheta$ miteinander bilden. Als zweites Glied kommt nach Bild 14a die Komponente $N_\varphi r_\vartheta\, d\vartheta\, d\varphi \sin\vartheta$ in Frage und als letztes wieder das Belastungsglied. Wir erhalten also

$$N_\vartheta\, a\, d\varphi\, d\vartheta + N_\varphi\, r_\vartheta\, d\vartheta\, d\varphi \sin\vartheta + p_z\, r_\vartheta\, d\vartheta\, a\, d\varphi = 0\,. \tag{8c}$$

In den drei Gleichungen (8) führen wir nun überall nach (1) $a = r_\varphi \sin\vartheta$ ein. Ferner wollen wir zur Abkürzung mit Bezug auf (7)

$$T_\vartheta = T_\varphi = T \tag{9}$$

setzen, was wir bisher nur deswegen nicht getan haben, um bei Aufstellung der Gleichgewichtsbedingungen die Herkunft der einzelnen Glieder verfolgen zu können. Dividieren wir schließlich alle Gleichungen durch $d\vartheta\, d\varphi$ und beachten, daß die Krümmungshalbmesser r_ϑ und r_φ nur von ϑ aber nicht von φ abhängen, so bekommen wir endgültig

$$\left.\begin{aligned}
&\frac{\partial}{\partial\vartheta}(N_\vartheta\, r_\varphi \sin\vartheta) + \frac{\partial T}{\partial\varphi} r_\vartheta - N_\varphi\, r_\vartheta \cos\vartheta + p_x\, r_\vartheta\, r_\varphi \sin\vartheta = 0\,,\\
&\frac{\partial N_\varphi}{\partial\varphi} r_\vartheta + \frac{\partial}{\partial\vartheta}(T\, r_\varphi \sin\vartheta) + T\, r_\vartheta \cos\vartheta + p_y\, r_\vartheta\, r_\varphi \sin\vartheta = 0\,,\\
&N_\vartheta\, r_\varphi + N_\varphi\, r_\vartheta + p_z\, r_\vartheta\, r_\varphi = 0\,.
\end{aligned}\right\} \tag{10a, b, c}$$

Wir erhalten also zwei Differentialgleichungen und eine gewöhnliche Gleichung, die zusammen zur Berechnung der Unbekannten N_ϑ, N_φ und T gerade ausreichen. Dieses Ergebnis ist von größter Wichtigkeit. Es sagt nämlich aus, *daß die Gleichgewichtsbedingungen am Schalenelement im allgemeinen vom Membranspannungszustand für beliebige Schalengestalt und beliebige Belastung erfüllt werden.* Unsere im vorigen Kapitel auf Grund der Betrachtungen am Bogen aufgestellte Vermutung, daß der Stützlinientheorie entsprechend der Membranspannungszustand nur bei einer ganz bestimmten, durch die Belastung festgelegten Schalenform möglich wäre, war also falsch. Eine Schale verhält sich grundsätzlich anders als ein Bogen: Dadurch, daß die angreifenden Kräfte nicht nur wie beim Bogen in einer Richtung, nämlich in Meridianrichtung, zu den Auflagern weitergeleitet werden müssen, sondern sich auch in Breitenkreisrichtung passend verteilen können, entsteht eine räumliche Tragwirkung, die für das statische Verhalten der Schalen charakteristisch ist und zugleich den Grund für die außerordentlich günstige Baustoffausnutzung der Schalenkonstruktionen darstellt. Die ungünstigen Biegemomente, die beim Bogen nur im Sonderfall des Stützliniengewölbes vermieden werden können und damit auch nur für einen bestimmten Belastungsfall, können bei den Schalen stets zu Null werden, ohne daß die Gleichgewichtsbedingungen verletzt werden. Bei den Schalen von einer Stützfläche zu reden, hat also keinen Sinn. Die Schale ist eben stets eine Stützfläche.

Die größten Bedenken, die wir gegen die Membrantheorie erheben mußten, sind damit entkräftet. Abgesehen von den besprochenen Ausnahmen, daß an Rändern und bei Einzellasten der Membranspannungszustand unmöglich werden kann, sind die *Voraussetzungen* für die Anwendung des CASTIGLIANOschen Prinzips erfüllt. Es bleibt nur noch die Frage offen, ob der Membranspannungszustand auch wirklich im allgemeinen zu einem Minimum der Formänderungsarbeit führt, und wann dieses nicht der Fall ist. Eine Teilantwort auf diese Frage wird schon im nächsten Abschnitt möglich sein.

Während die widerspruchsfreie Erfüllung des Gleichgewichts durch den Membranspannungszustand aus der Tatsache folgt, daß die Anzahl der Gleichgewichtsbedingungen (10) nicht größer ist als die der unbekannten Schnittgrößen, ergibt sich daraus, daß sie andererseits auch nicht kleiner ist, die besondere Einfachheit der Membrantheorie. Da nämlich die Gleichungen (10) zur Ermittlung der Kräfte am Schalenelement ausreichen, ist es in dieser Hinsicht nicht mehr erforderlich, auf die Verformungen der Schale einzugehen. *Der Membranspannungszustand ist also innerlich statisch bestimmt.* Die Einschränkung „innerlich" müssen wir allerdings dabei noch machen; denn durch die Lagerung der Schale, also durch die Randbedingungen, über die durch die Differentialgleichungen (10) noch gar nichts ausgesagt wird, und die erst bei Bestimmung von Integrationskonstanten beachtet werden müssen, kann ja immer noch eine äußerliche Unbestimmtheit in das Problem hineinkommen. Wie diese im einzelnen aussehen kann, werden wir weiter unten an einem Beispiel kennenlernen.

4.5 Kugelschale bei Schneedruck. *4.51 Integration der Differentialgleichung.* Zunächst betrachten wir am zweckmäßigsten einige einfache Anwendungen der Membrantheorie. Nach Bild 16 wollen wir eine durch Schneedruck belastete Halbkugelkuppel berechnen. Es kann dann $r_\vartheta = r_\varphi = r$ gesetzt werden. Da die Schale und der Belastungszustand in Bezug auf die Schalenachse drehsymmetrisch sind, muß auch der sich einstellende innere Kräftezustand drehsymmetrisch sein und kann sich mit φ nicht ändern. Daraus folgt, daß erstens alle Ableitungen nach φ in den Gleichgewichtsbedingungen verschwinden müssen. Zweitens müssen aber auch die Schubkräfte T identisch gleich Null sein, da sie für das Schalenelement nach Bild 13 eine an den Kanten AB und CD verschiedene, also der Drehsymmetrie widersprechende Belastung darstellen.

Von den Gleichungen (10) fällt jetzt die mittlere (10b) ganz fort — das Gleichgewicht in y-Richtung ist eben von selbst gesichert — während sich die beiden anderen nach Division durch r vereinfachen zu

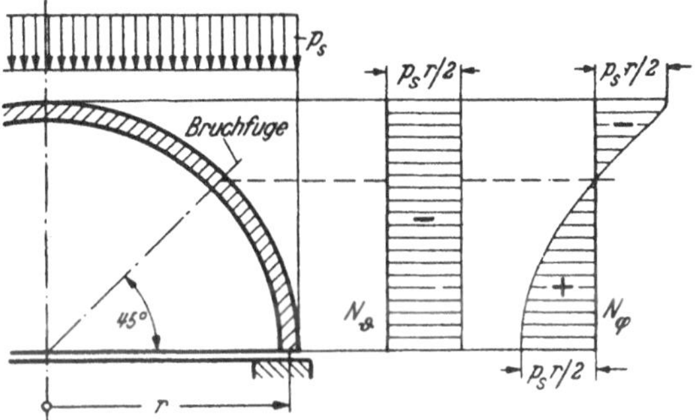

Bild 16. Halbkugelkuppel mit Schneebelastung

$$\left.\begin{aligned} &\frac{d}{d\vartheta}(N_\vartheta \sin\vartheta) - N_\varphi \cos\vartheta + p_x r \sin\vartheta = 0\,, \\ &N_\vartheta + N_\varphi + p_z r = 0\,. \end{aligned}\right\} \qquad (11\text{a, b})$$

Dabei kann das gewöhnliche Differentiationszeichen geschrieben werden, da der Spannungszustand nur von der einen Veränderlichen ϑ abhängt.

Entnehmen wir aus der zweiten Gleichung N_φ und setzen es in die erste ein, so bekommen wir

$$\frac{d}{d\vartheta}(N_\vartheta \sin\vartheta) + N_\vartheta \cos\vartheta + p_x r \sin\vartheta + p_z r \cos\vartheta = 0\,. \qquad (12)$$

Für die ersten beiden Glieder dieser Gleichung gilt

$$\frac{d}{d\vartheta}(N_\vartheta \sin\vartheta) + N_\vartheta \cos\vartheta = \frac{1}{\sin\vartheta}\frac{d}{d\vartheta}(N_\vartheta \sin^2\vartheta)\,.$$

Damit können wir statt (12) schreiben

$$\frac{d}{d\vartheta}(N_\vartheta \sin^2\vartheta) = -\,p_x r \sin^2\vartheta - p_z r \sin\vartheta \cos\vartheta$$

oder nach Integration und Auflösung nach N_ϑ

$$N_\vartheta = -\frac{1}{\sin^2\vartheta}\left[r\int (p_x \sin^2\vartheta + p_z \sin\vartheta\cos\vartheta)\,d\vartheta + C\right], \qquad (13)$$

wobei C eine Integrationskonstante bedeutet.

Diese Beziehung gilt noch für eine beliebige drehsymmetrische Belastung. Setzen wir jetzt nach (3a, c) für Schneedruck

$$p_x = p_S \sin\vartheta\cos\vartheta\,, \quad p_z = p_S \cos^2\vartheta\,,$$

so erhalten wir

$$N_\vartheta = -\frac{1}{\sin^2\vartheta}\left(p_S\, r \int \sin\vartheta\cos\vartheta\,d\vartheta + C\right)$$

und nach Ausführung der Integration

$$N_\vartheta = \frac{1}{\sin^2\vartheta}\left(\frac{p_S\,r}{4}\cos 2\vartheta - C\right). \tag{14}$$

Zur Bestimmung der Integrationskonstanten C benutzen wir die Bedingung, daß am Auflagerrand der Kuppel bei $\vartheta = \frac{\pi}{2}$ die Streckenlängskräfte, die dort in senkrechter Richtung wirken, gerade so groß sein müssen, daß sie die Gesamtlast $p_S\,r^2\,\pi$ der Kuppel tragen können. Es muß also

$$N_{\vartheta = \frac{\pi}{2}} = -\frac{p_S\,r^2\,\pi}{2\,r\,\pi} = -\frac{p_S\,r}{2}$$

sein. Dieser Wert muß mit dem sich aus (14) für $\vartheta = \frac{\pi}{2}$ ergebenden übereinstimmen:

$$-\frac{p_S\,r}{2} = -\frac{p_S\,r}{4} - C$$

oder

$$C = \frac{p_S\,r}{4}.$$

Damit bekommen wir dann aus (14)

$$N_\vartheta = -\frac{p_S\,r}{4}\,\frac{1-\cos 2\vartheta}{\sin^2\vartheta}.$$

Beachten wir noch, daß $\cos 2\vartheta = 1 - 2\sin^2\vartheta$ ist, so erhalten wir das einfache Ergebnis

$$N_\vartheta = -\frac{p_S\,r}{2}. \tag{15a}$$

Für N_φ folgt ferner aus (11b)

$$\begin{aligned} N_\varphi &= -N_\vartheta - p_z\,r \\ &= \frac{p_S\,r}{2} - p_S\,r\cos^2\vartheta \\ &= -\frac{p_S\,r}{2}(2\cos^2\vartheta - 1), \end{aligned}$$

$$N_\varphi = -\frac{p_S\,r}{2}\cos 2\vartheta. \tag{15b}$$

4.52 Besprechung des Ergebnisses. Der durch (15a, b) festgelegte Verlauf der Schnittkräfte ist in Bild 16 aufgetragen. Am auffallendsten dürfte dabei die Tatsache sein, daß N_ϑ für die ganze Schale konstant ist. Wir können uns dieses Ergebnis anschaulich durch eine Überlegung klar machen, wie wir sie schon zur Berechnung der Integrationskonstanten

C angestellt haben. Schneiden wir nach **Bild 17** von der Kuppel in beliebiger Höhe durch einen waagerechten Schnitt den oberen Teil ab, so muß sich die Summe aller Vertikalkomponenten der am Schnittrand wirkenden Streckenlängskräfte N_ϑ mit der Gesamtlast des abgeschnittenen Kuppelteils im Gleichgewicht befinden. Es muß also

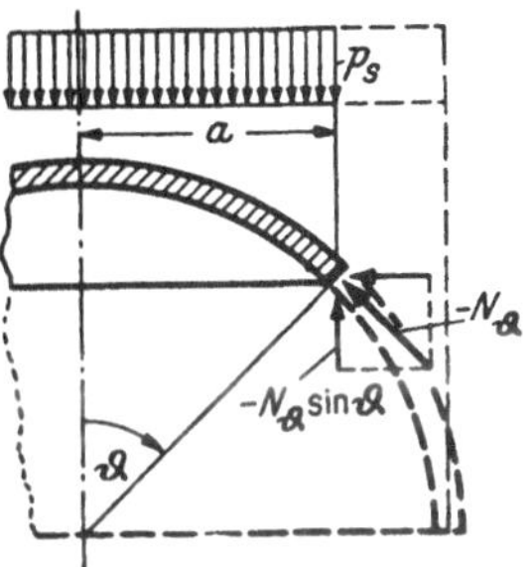

Bild 17. Zur Erläuterung des Verlaufes der Schnittkräfte N_ϑ bei der Kugelschale unter Schneedruck

$$-N_\vartheta \sin\vartheta \; 2\,a\,\pi = p_S\,a^2\,\pi\,,$$

$$N_\vartheta = -\frac{p_S\,a}{2\sin\vartheta}$$

sein. Mit $a = r\sin\vartheta$ bekommen wir dann in der Tat den Wert von (15a) heraus.

Diesen Weg zur Berechnung der Meridianlängskräfte, der hier erheblich einfacher als die Integration der Differentialgleichung ist, können wir im übrigen bei Rotationsschalen bei drehsymmetrischer Belastung stets anwenden, wenn auch damit im allgemeinen keine Vereinfachung der Rechnung, sondern nur eine anschauliche Deutung des nach (13) durchzuführenden Integrationsprozesses gewonnen ist. Das Integral in (13) ist nämlich im Grunde nichts anderes als die Last des abgeschnittenen Kuppelteils. Das ist sofort einzusehen, wenn wir beachten, daß $(p_x \sin\vartheta + p_z \cos\vartheta)\,a\,d\varphi\,r\,d\vartheta$ die Belastung eines Flächenelementes in lotrechter Richtung ist, so daß wir mit $a = r\sin\vartheta$ und Integration über φ bis auf einen konstanten Faktor das Integral in (13) erhalten.

Der Verlauf von N_φ erklärt sich am einfachsten aus der Gleichgewichtsbedingung (10c), aus der N_φ berechnet wurde. Wegen der Meridiankrümmung haben die hier negativen Kräfte N_ϑ an jedem Element eine die Kuppel von innen nach außen beanspruchende Komponente. Diese ist bestrebt, die Breitenkreise auf Zug zu beanspruchen, also positive Ringkräfte N_φ hervorzurufen. Andererseits ist aber die Belastung des Elementes bestrebt, die Kuppel von außen nach innen zusammenzudrücken, also negative Streckenkräfte N_φ zu erzeugen. In der Nähe des Auflagerrandes, wo die Wirkung der senkrechten Belastung klein ist, überwiegt der erste, in der Umgebung des Scheitels der Kuppel der zweite Einfluß. Der Vorzeichenwechsel der Ringkräfte findet in der sog. Bruchfuge statt, die nach (15b) bei $\cos 2\vartheta = 0$ oder $\vartheta = 45°$ liegt.

An dem Verlauf und der Größe der Schnittkräfte N_ϑ und N_φ tritt der grundsätzliche Unterschied zwischen der statischen Wirkungsweise eines Bogens und einer Schale klar hervor. Es sei z. B. eine Schale mit $r = 20$ m und konstanter Wandstärke $t = 10$ cm angenommen. Setzen wir dabei $p_S = 2$ kN/m^2, was wir in dieser Größe schon als eine Art Ersatzlast für

Schnee und Eigengewicht auffassen können, so bekommen wir nach (15b) für den Wert von N_φ, der die größte Zugspannung liefert,

$$\max N_\varphi = \frac{p_S\, r}{2} = \frac{2 \cdot 20}{2} = 20 \text{ kN/m}\,.$$

Die zugehörige Spannung, die sich einfach durch Division von max N_φ durch die Wandstärke ergibt, ist

$$\max \sigma = \frac{N_\varphi}{t} = \frac{20}{0{,}1} = 200 \text{ kN/m}^2 = 0{,}02 \text{ kN/cm}^2\,.$$

Die Aufnahme dieser geringen Spannung könnte zur Not noch von Mauerwerk oder unbewehrtem Beton erfolgen, bereitet jedoch bei Verwendung von Stahlbeton überhaupt keine Schwierigkeiten.

Betrachten wir aber einen Bogen von der Breite b, der den Schalenmeridian als Achse und dieselben Randbedingungen wie die Schale hat, so wie wir es in Bild 12 getan haben, so würde die größte Beanspruchung durch Biegung im Scheitel auftreten. Das Biegemoment hätte dann, wie bei einem Balken von der Stützweite $2r$, den Wert $p_S b \frac{4r^2}{8}$; das Widerstandsmoment des Rechteckquerschnittes bt wäre $\frac{bt^2}{6}$ und damit die Spannung

$$\max \sigma = \frac{p_S\, r}{2t}\,\frac{6r}{t} = 0{,}02\,\frac{6 \cdot 2000}{10} = 24 \text{ kN/cm}^2\,,$$

die also die $\frac{6r}{t}$ -fache, d. h. 1200-fache Größe der Spannung der Schale hätte.

Die große Bedeutung der räumlichen Tragwirkung einer Schale für die Bemessung ist damit hinreichend gekennzeichnet, und es dürfte auch verständlich sein, daß diese Wirkung erst ausgenutzt werden konnte, nachdem die Schalentheorie an die Stelle der Gewölbetheorie der Bögen getreten war.

4.53 Verformungsbedingungen an den Schalenrändern. Das vorliegende Beispiel gibt uns noch die Möglichkeit, eine erste Prüfung der Membrantheorie im Einblick auf die Erfüllung der CASTIGLIANOschen Minimalbedingung vorzunehmen. In Bild 16 ist eine frei verschiebliche Auflagerung des Randes der Halbkugelkuppel angedeutet. Mit den Gleichgewichtsbedingungen, also mit der Forderung, daß die senkrecht wirkenden Kräfte N_ϑ aufgenommen werden können, würde es jedoch auch durchaus verträglich sein, wenn wir z. B. eine unverschiebliche Lagerung des Randes vorsehen würden. Überlegen wir uns aber für diesen Fall die auftretenden Verformungen, so stellt sich folgende Schwierigkeit ein.

Da die Streckenkräfte N_φ nach Bild 16 am unteren Rand positiv sind, muß sich der Auflagerbreitenkreis dehnen, also seinen Halbmesser vergrößern. Ist jedoch diese Vergrößerung infolge unverschieblicher Lagerung unmöglich, so ist damit ein Widerspruch im Verformungszustand enthalten, durch den zum Ausdruck kommt, daß die geometrischen Verformungsbedingungen von den Membrankräften *nicht* erfüllt werden. Das Minimum der Formänderungsarbeit, das dann eintritt, wenn die Verformungsbedingungen befriedigt werden, wird also hier durch den Membranspannungszustand offensichtlich nicht erreicht. Dieser ist höchstens ein brauchbarer „Lastspannungszustand am statisch bestimmten Hauptsystem". Es müssen aber noch weitere „statisch unbestimmte Größen" zu Hilfe genommen werden, um den Verformungsbedingungen gerecht zu werden, und das können nur die bisher vernachlässigten Querkräfte und Biegemomente sein. (Drillmomente müssen hier aus Symmetriegründen zu Null werden.)

Wenn die Membrantheorie gelten soll, was an sich zur Vermeidung der ungünstigen Biegespannungen wünschenswert ist, müssen wir eben nach Bild 16 eine Lagerung vorsehen, die der Schale eine Dehnung des unteren Randes ermöglicht. Da zur Aufnahme von Windkräften die Schale natürlich nicht völlig frei verschieblich sein darf, kann man die gewünschten Randbedingungen z. B. durch Rollenlager verwirklichen, die eine Verschieblichkeit in radialer, aber nicht in tangentialer Richtung erlauben.

Die berechnete Kugelkuppel vermag aber noch ein zweites Beispiel zu liefern, bei dem die Membrantheorie trotz Erfüllung der Gleichgewichtsbedingungen nicht mehr richtig sein kann. Wir haben unseren bisherigen Betrachtungen immer eine Halbkugelkuppel zugrunde gelegt. Die gewonnenen Formeln gelten jedoch genau so gut für eine Kugelschale mit kleinerem Öffnungswinkel, also etwa für den in Bild 17 abgeschnittenen Kuppelteil. Wir müssen dann nur dafür sorgen, daß die Auflagerung auf jeden Fall hinsichtlich der Gleichgewichtsbedingungen den Forderungen der Membrantheorie entspricht, die Lagerkräfte also nach Bild 10b in Richtung der Meridiantangente eingeleitet werden. Konstruktiv kann das außer durch Anwendung einer schrägen Stützung auch durch einen Zugring geschehen, der die Horizontalkomponente der Meridiankräfte aufnimmt, wie es in Bild 18 angedeutet ist.

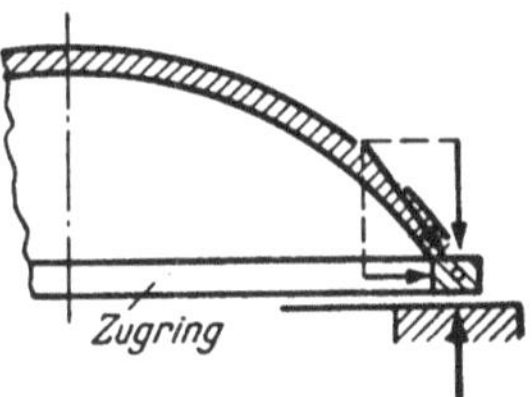

Bild 18. Kugelschale mit Auflagerzugring

Wir wollen nun voraussetzen, daß die Schale so flach ist, daß der Auflagerring in dem Bereich liegt, wo die Kräfte N_φ negativ sind. Infolge dieser Druckbeanspruchung wird sich dann die Schale so verformen wollen, daß der Halbmesser des Auflagerbreitenkreises kleiner wird. Der Zugring wird jedoch infolge seiner Dehnung eine Vergrößerung dieses Halbmessers anstreben. Beides kann aber nicht zugleich der Fall sein. Die Verformungsbedingungen werden wieder vom Membranspannungszustand nicht erfüllt; es müssen in Wirklichkeit Querkräfte und Biegemomente zusätzlich auftreten.

Zusammenfassend können wir aus den beiden besprochenen Beispielen schon die Lehre ziehen, *daß die Membrantheorie versagen muß, wenn die geometrischen Randbedingungen ungeeignet sind.* Eine nähere Untersuchung derartiger Widersprüche im Verformungszustand ist offenbar notwendig und soll weiter unten erfolgen. Es wird sich allerdings dabei zeigen, daß das Versagen der Membrantheorie nicht so schwerwiegend ist, wie es zunächst scheinen mag.

4.6 Kegelschale. *4.61 Differentialgleichungen.* Als nächste Schalenform, die wie die Kugelschale der Rechnung ebenfalls besonders leicht zugänglich ist, wollen wir die Kegelschale betrachten. Dazu ist zunächst erforderlich, die Gleichungen (10) in eine geeignete Form zu bringen. Da die Krümmung des Meridians jetzt gleich Null wird, ist nämlich der Winkel ϑ zur Festlegung eines Breitenkreises nicht mehr brauchbar. Wir wollen statt dessen nach Bild 19 die Koordinate s benutzen, die der längs einer Erzeugenden gemessene Abstand eines Punktes der Mittelfläche von der Kegelspitze ist. Dementsprechend wollen wir auch statt N_ϑ die neue Bezeichnung N_s einführen. Wir haben also zu setzen

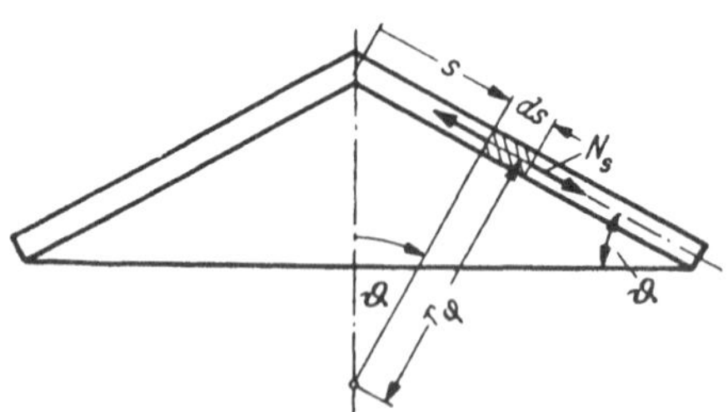

Bild 19. Bezeichnungen bei der Kegelschale

$$\vartheta = \text{const}, \quad r_\vartheta = \infty, \quad r_\varphi = s\cot\vartheta,$$
$$r_\vartheta\, d\vartheta = ds, \quad N_\vartheta = N_s.$$

Diese Beziehungen führen wir nun in die folgenden Gleichungen ein, die aus (10) dadurch hervorgehen, daß (10a) und (10b) durch $r_\vartheta \cos\vartheta$, (10c) durch r_ϑ dividiert werden.

$$\frac{\partial}{r_\vartheta\,\partial\vartheta}(N_\vartheta r_\varphi \sin\vartheta)\frac{1}{\cos\vartheta} + \frac{\partial T}{\partial\varphi}\frac{1}{\cos\vartheta} - N_\varphi + p_x r_\varphi \tan\vartheta = 0\,.$$
$$\frac{\partial N_\varphi}{\partial_\varphi}\frac{1}{\cos\vartheta} + \frac{\partial}{r_\vartheta\,\partial\vartheta}(T r_\varphi \sin\vartheta)\frac{1}{\cos\vartheta} + T + p_y r_\varphi \tan\vartheta = 0\,,$$
$$N_\vartheta\frac{r_\varphi}{r_\vartheta} + N_\varphi + p_z r_\varphi = 0\,.$$

An diesen Gleichungen können wir die Grenzübergänge zur Kegelschale ohne Schwierigkeiten durchführen und erhalten

$$\left.\begin{aligned} \frac{\partial}{\partial s}(N_s s) + \frac{\partial T}{\partial\varphi}\frac{1}{\cos\vartheta} - N_\varphi + p_x s = 0\,,\\ \frac{\partial N_\varphi}{\partial\varphi}\frac{1}{\cos\vartheta} + \frac{\partial}{\partial s}(T s) + T + p_y s = 0\,,\\ N_\varphi + p_z s\cot\vartheta = 0\,. \end{aligned}\right\} \qquad (16\text{a, b, c})$$

4.62 Beanspruchung durch Eigengewicht und Laternenlast. Die Gleichungen (16) wollen wir auf die in Bild 20 dargestellte Kegelschale anwenden, die oben offen ist und eine sog. Laterne trägt.

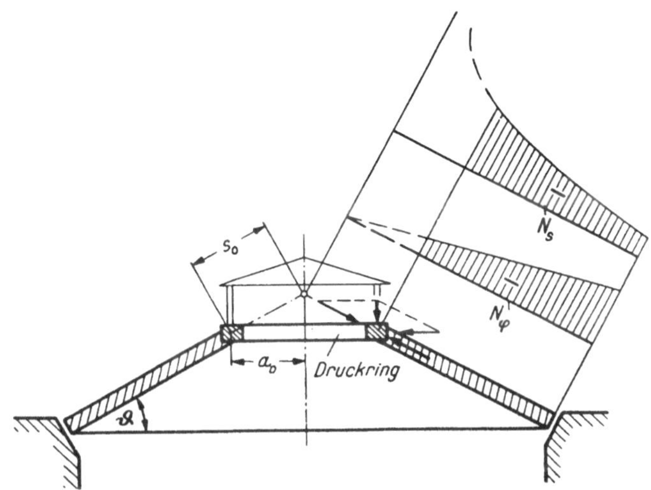

Bild 20. Kegelschale mit Laterne.

Die Berechnung sei für Eigengewicht durchgeführt. Da es sich hierbei um einen drehsymmetrischen Beanspruchungszustand handelt, werden wieder die Schubkräfte und alle Ableitungen nach φ gleich Null. Von (16) bleibt dann übrig

$$\left.\begin{aligned} \frac{\mathrm{d}}{\mathrm{d}s}(N_s s) - N_\varphi + p_x s = 0\,, \\ N_\varphi + p_z s \cot\vartheta = 0\,. \end{aligned}\right\} \qquad (17\text{a, b})$$

Nach (2a, c) haben wir für Eigengewicht zu setzen

$$p_x = p_E \sin\vartheta\,, \quad p_z = p_E \cos\vartheta\,,$$

wobei wir annehmen wollen, daß p_E konstant ist, was durch eine konstante Wandstärke t erreicht werden kann. Nach (17b) folgt sofort

$$N_\varphi = -\,p_z s \cot\vartheta\,,$$

$$N_\varphi = -\,p_E\, s\, \frac{\cos^2\vartheta}{\sin\vartheta}\,. \qquad (18)$$

Die Beanspruchung in Breitenkreisrichtung hängt nur von der Belastung p_z ab, da die Meridiankrümmung gleich Null ist und infolgedessen die Längskräfte N_s am Schalenelement keine Komponenten in z-Richtung haben, die auch noch Kräfte N_φ hervorrufen könnten.

Für N_s erhalten wir nach (17a) und (18)

$$\frac{d}{ds}(N_s s) + p_E s \frac{\cos^2\vartheta}{\sin\vartheta} + p_E s \sin\vartheta = 0\,,$$

$$\frac{d}{ds}(N_s s) = -\frac{p_E}{\sin\vartheta} s\,,$$

$$N_s s = -\frac{p_E}{2\sin\vartheta} s^2 + C\,,$$

$$N_s = -\frac{p_E}{2\sin\vartheta} s + \frac{C}{s}\,. \tag{19}$$

C ist dabei wieder eine Integrationskonstante. Zu ihrer Bestimmung benutzen wir die Bedingung, daß die Streckenlängskräfte N_s am oberen Schalenrand so groß sein müssen, daß sie mit dem Gesamtgewicht der Laterne, das wir mit P bezeichnen wollen, im Gleichgewicht stehen. Um das überhaupt zu ermöglichen, muß ein Druckring angeordnet werden, der dafür sorgt, daß die Schale der Membrantheorie entsprechend belastet wird. Mit den Bezeichnungen von Bild 20 ist

$$N_{s=s_0} = -\frac{P}{2 a_0 \pi \sin\vartheta}\,,$$

$$= -\frac{P}{2 s_0 \pi \sin\vartheta \cos\vartheta}\,,$$

$$= -\frac{P}{s_0 \pi \sin 2\vartheta}\,.$$

Andererseits ist nach (19)

$$N_{s=s_0} = -\frac{p_E}{2\sin\vartheta} s_0 + \frac{C}{s_0}\,,$$

wonach

$$C = \frac{p_E}{2\sin\vartheta} s_0^2 - \frac{P}{\pi \sin 2\vartheta} \tag{20}$$

folgt. Eingesetzt in (19), bekommen wir dann endgültig

$$N_s = -\frac{p_E}{2\sin\vartheta}\,\frac{s^2 - s_0^2}{s} - \frac{P}{\pi\sin 2\vartheta}\,\frac{1}{s}\,. \tag{21}$$

Der Verlauf von N_s und N_φ, wie er sich nach (18) und (21) ergibt, ist in Bild 20 aufgetragen. Beide Streckenlängskräfte sind im ganzen Bereich negativ. Insbesondere entsteht durch N_φ am oberen Schalenrand eine Zusammendrückung in Breitenkreisrichtung. Da der dort vorhandene Ring ebenfalls auf Druck beansprucht wird, ist der Widerspruch in den Verformungen hier zweifellos nicht so auffallend, wie bei dem Zugring in Bild 18. Es wäre sogar denkbar, daß bei geeigneten Abmessungen der Schale und des Ringes der Membranspannungszustand auch die Verformungsbedingungen genau erfüllt.

An dem behandelten Beispiel läßt sich noch eine für die praktische Rechnung gelegentlich wichtige und allgemein verwendbare Aussage über die Integrationskonstante C gewinnen. Lassen wir die Koordinate s_0 des oberen Schalenrandes nach Null gehen, so bekommen wir nach (21)

$$N_s = -\frac{p_E}{2\sin\vartheta}\,s - \frac{P}{\pi\sin 2\vartheta}\,\frac{1}{s}\,.$$

Hierdurch wird die Kräfteverteilung für eine im Scheitel geschlossene Schale dargestellt, die in der Spitze durch eine Einzellast in senkrechter Richtung beansprucht wird. Für $s = 0$ wird das von P abhängige Glied im Ausdruck für N_s unendlich groß. Dieses ist ohne weiteres erklärlich, da der Umfang des Breitenkreises, auf den sich die Last P verteilt, zu Null wird.

Nach (20) wird ferner für $s_0 = 0$

$$C = -\frac{P}{\pi\sin 2\vartheta}\,.$$

Die Integrationskonstante ist also bis auf den Faktor $-\frac{1}{\pi\sin 2\vartheta}$ gleichbedeutend mit der Einzellast P. Damit wird folgender Schluß möglich: Wenn es sich um eine oben geschlossene Kegelschale handelt, bei der keine Einzellast in der Spitze angreift, muß P und damit C gleich Null sein. Wenn aber $P = 0$ ist, besteht keine Ursache mehr für ein Unendlichwerden der Streckenlängskraft N_s im Scheitel. Wir können dann die Konstante C, ohne uns um ihre mechanische Bedeutung zu kümmern, einfach aus der Bedingung bestimmen, daß N_s stets endlich bleiben muß. Wir können so an (19) sofort erkennen, daß für eine geschlossene, am Rande unterstützte Kegelschale $C = 0$ und

$$N_s = -\frac{p_E}{2\sin\vartheta}\,s$$

sein muß.

4.63 Beanspruchung durch Winddruck. Um auch für eine nicht-drehsymmetrische Belastung ein einfaches Beispiel zu haben, sei eine in der Spitze geschlossene Kegelschale, also ohne Laterne, auf Winddruck berechnet. Nach (4c) haben wir dann

$$p_z = p_W \sin\vartheta\cos\varphi$$

zu setzen und bekommen damit aus (16c) wieder sofort

$$N_\varphi = -\,p_W\,s\cos\vartheta\cos\varphi\,. \tag{22}$$

Bilden wir danach

$$\frac{\partial N_\varphi}{\partial\varphi} = p_W\,s\cos\vartheta\sin\varphi$$

und setzen das in (16b) ein, so erhalten wir mit $p_y = 0$

$$\frac{\partial(T\,s)}{\partial s} + T + p_W\,s\sin\varphi = 0\,. \tag{23}$$

Diese partielle Differentialgleichung können wir durch den Ansatz

$$T = T_0(s) \sin \varphi \tag{24}$$

in eine gewöhnliche überführen. T_0 ist dabei eine nur von s abhängige Funktion und stellt den Verlauf der Schubkräfte über s für $\sin \varphi = 1$, also $\varphi = \frac{\pi}{2}$ dar. Wir bekommen aus (23) und (24) nach Division durch $\sin \varphi$

$$\frac{\mathrm{d}(T_0 s)}{\mathrm{d}s} + T_0 + p_W s = 0$$

oder

$$\frac{\mathrm{d}T_0}{\mathrm{d}s} s + 2 T_0 + p_W s = 0 . \tag{25}$$

Die allgemeine Lösung dieser inhomogenen linearen Differentialgleichung setzen wir in bekannter Weise aus einer Partikularlösung und der Lösung der homogenen Gleichung zusammen. Eine Partikularlösung von (25) ist, wie man leicht bestätigt,

$$T_0 = -\frac{1}{3} p_W s .$$

Die Lösung der homogenen Gleichung (25), die eine sog. eindimensionale Differentialgleichung ist, lautet

$$T_0 = C s^n ,$$

wobei C eine Integrationskonstante und n ein Parameter ist, der sich durch Einsetzen der Lösung in den homogenen Teil von (25) zu $n = -2$ ergibt. Wir erhalten also insgesamt für die allgemeine Lösung

$$T_0 = -\frac{1}{3} p_W s + \frac{C}{s^2}$$

und damit nach (24)

$$T = \left(-\frac{1}{3} p_W s + \frac{C}{s^2}\right) \sin \varphi .$$

Zur Bestimmung von C können wir nun den einfachen Schluß anwenden, daß T stets endlich sein muß, wenn die Belastung nirgends singulär ist. Es muß dann $C = 0$ sein, weil sonst T für $s = 0$ unendlich groß werden würde. Wir haben damit die Lösung für T gefunden:

$$T = -\frac{1}{3} p_W s \sin \varphi . \tag{26}$$

Die Streckenlängskraft N_s ermitteln wir aus der Differentialgleichung (16a). Es ist mit (26) und (22), wenn wir beachten, daß nach (4a) $p_x = 0$ wird,

$$\frac{\partial}{\partial s}(N_s s) - \frac{1}{3} p_W s \frac{\cos \varphi}{\cos \vartheta} + p_W s \cos \vartheta \cos \varphi = 0 .$$

Mit dem Ansatz

$$N_s = N_{s_0}(s)\cos\varphi\,,$$

wobei N_{s_0} nur von s abhängt und den Verlauf der Streckenlängskräfte über s bei $\varphi = 0$ darstellt, bekommen wir die gewöhnliche Differentialgleichung

$$\frac{\mathrm{d}(N_{s_0}s)}{\mathrm{d}s} = -p_W\, s\left(\cos\vartheta - \frac{1}{3\cos\vartheta}\right).$$

Sie läßt sich sofort integrieren und liefert

$$N_{s_0} = -\frac{1}{2}\,p_W\, s\left(\cos\vartheta - \frac{1}{3\cos\vartheta}\right) + \frac{C_1}{s}\,.$$

Auch die neue Konstante C_1 muß wieder gleich Null werden, wenn N_s in der Kegelspitze endlich bleiben soll. Wir bekommen dann endgültig

$$N_s = -\frac{1}{2}\,p_W\, s\left(\cos\vartheta - \frac{1}{3\cos\vartheta}\right)\cos\varphi\,. \tag{27}$$

Über den Verlauf der Schnittkräfte nach (22), (26) und (27) ist folgendes zu sagen. Alle drei Schnittkräfte sind dem Abstand s proportional, werden also in der Kegelspitze gleich Null und erreichen ihre Größtwerte am unteren Schalenrand. Die Streckenkraft N_φ ist wieder direkt durch die Belastung p_z bedingt und dementsprechend auf der dem Wind zugekehrten Schalenhälfte negativ, auf der Leeseite, wo wir Sogkräfte haben, positiv. Die Streckenschubkräfte, die beachtenswerterweise von der Kegelneigung ϑ unabhängig sind, werden bei $\varphi = 0$ und $\varphi = \pi$ aus Symmetriegründen gleich Null. Ihre Größtwerte treten bei $\varphi = \frac{\pi}{2}$ und $\varphi = \frac{3}{2}\pi$ auf und dürften sich ihrem Vorzeichen nach aus Bild 21a erklären.

Die Streckenlängskräfte N_s haben bei $\varphi = 0$ und $\varphi = \pi$ ihre Extremwerte, die je nach der Kegelneigung ϑ verschiedenes Vorzeichen haben.

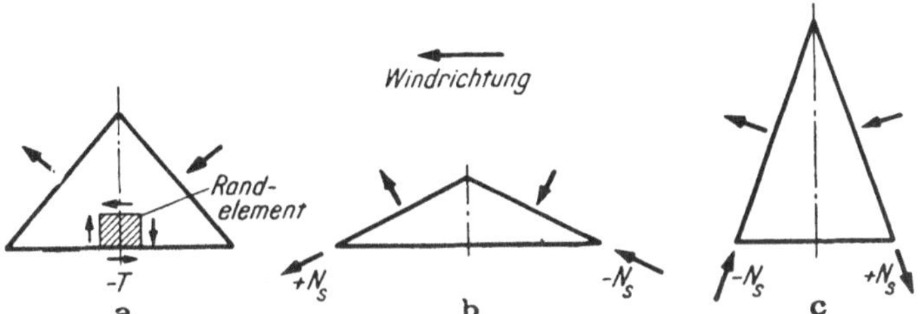

Bild 21a–c. Zur Erläuterung der Beanspruchung einer Kegelschale bei Winddruck

Ist der Kegel flach, so ist N_s bei $\varphi = 0$ negativ und bei $\varphi = \pi$ positiv. Bei großem ϑ ist es gerade umgekehrt und die Grenze, wo $N_s = 0$ wird, liegt nach (27) bei

$$\cos\vartheta - \frac{1}{3\cos\vartheta} = 0 \quad \text{oder} \quad \vartheta \approx 55°\,.$$

Diese verschiedene Richtung der Streckenkräfte wird verständlich, wenn wir uns nach Bild 21b und 21c klarmachen, daß bei einem flachen Kegel die Windbelastung bestrebt ist, den Kegel entgegengesetzt der Windrichtung, bei einem steilen Kegel in Windrichtung umzukippen.

Mit der Behandlung der Kegelschale wollen wir den Kuppelbau abschließen und weitere Beispiele aus dem Behälterbau entnehmen.

5. Rotationsschalen im Behälterbau

5.1 Kugelschale bei Flüssigkeitsdruck. Es sei die Aufgabe gestellt, den in Bild 22 angegebenen Behälter bei Flüssigkeitsdruck zu berechnen. Es handelt sich um einen sog. BARKHAUSEN-Behälter, der unten aus einer Halbkugelschale, oben aus einem zylindrischen Teil besteht und an der Übergangsstelle gestützt ist. Die verwendeten Bezeichnungen gehen aus Bild 22 hervor. Nennen wir noch das spezifische Gewicht der Flüssigkeit γ, so ergibt sich für die Belastungskomponenten nach bekannten Gesetzen der Hydrostatik

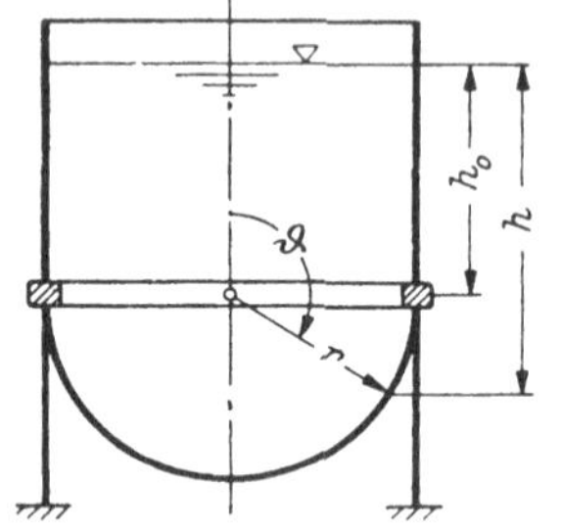

Bild 22. Flüssigkeitsbehälter aus Halbkugel- und Zylinderschale

$$p_x = 0\,, \quad p_y = 0\,, \quad p_z = -\gamma h\,. \tag{28}$$

Wir wollen nun mit der Untersuchung des Halbkugelbodens beginnen. Nach Bild 22 ist dann

$$h = h_0 + r\sin\left(\vartheta - \frac{\pi}{2}\right)$$
$$= h_0 - r\cos\vartheta\,.$$

5.11 Füllhöhe $h_0 \geqq 0$. Es sei zunächst vorausgesetzt, daß der Behälter mindestens bis zum Auflagerring gefüllt ist, h_0 also stets positiv und höchstens gleich Null ist.

Für die rotationssymmetrisch belastete Kugelschale gelten die Differentialgleichungen (11), und auch Gleichung (13) läßt sich hier wieder verwenden. Nach (13) erhalten wir mit

$$p_x = 0\,, \quad p_z = -\gamma\,(h_0 - r\cos\vartheta) \tag{29}$$

für die Streckenlängskraft in Meridianrichtung

$$N_\vartheta = -\frac{1}{\sin^2\vartheta}\left[-r\gamma\int(h_0\sin\vartheta\cos\vartheta - r\sin\vartheta\cos^2\vartheta)\,d\vartheta + C\right]$$
$$= \frac{1}{\sin^2\vartheta}\left[\gamma\, r\left(-\frac{h_0}{4}\cos 2\vartheta + \frac{r}{3}\cos^3\vartheta\right) - C\right].$$

Die Integrationskonstante C bestimmen wir wieder einfach aus der Bedingung, daß N_ϑ überall endlich bleiben muß. Bei $\vartheta = \pi$, also im tiefsten Punkt des Behälters, wird $\sin^2\vartheta = 0$, so daß dann auch der in der eckigen Klammer stehende Ausdruck verschwinden muß. Wir bekommen also

$$C = -\gamma r\left(\frac{h_0}{4} + \frac{r}{3}\right)$$

und

$$N_\vartheta = \frac{\gamma r}{\sin^2\vartheta}\left[\frac{h_0}{4}(1 - \cos 2\vartheta) + \frac{r}{3}(1 + \cos^3\vartheta)\right]. \qquad (30)$$

Mit

$$1 - \cos 2\vartheta = 2\sin^2\vartheta \quad \text{und} \quad 1 + \cos^3\vartheta = \left(1 + \frac{\cos^2\vartheta}{1 - \cos\vartheta}\right)\sin^2\vartheta$$

wird endgültig

$$N_\vartheta = \gamma r^2\left(\frac{h_0}{2r} + \frac{1}{3} + \frac{1}{3}\,\frac{\cos^2\vartheta}{1 - \cos\vartheta}\right). \qquad (31\text{a})$$

Für die Streckenlängskraft N_φ erhalten wir aus (11b)

$$N_\varphi = -N_\vartheta + \gamma r(h_0 - r\cos\vartheta),$$

$$N_\varphi = \gamma r^2\left(\frac{h_0}{2r} - \frac{1}{3} - \cos\vartheta - \frac{1}{3}\,\frac{\cos^2\vartheta}{1 - \cos\vartheta}\right). \qquad (31\text{b})$$

Das Ergebnis der Rechnung nach den Gleichungen (31a, b) ist in Bild 23 dargestellt. Beide Streckenlängskräfte erreichen im tiefsten

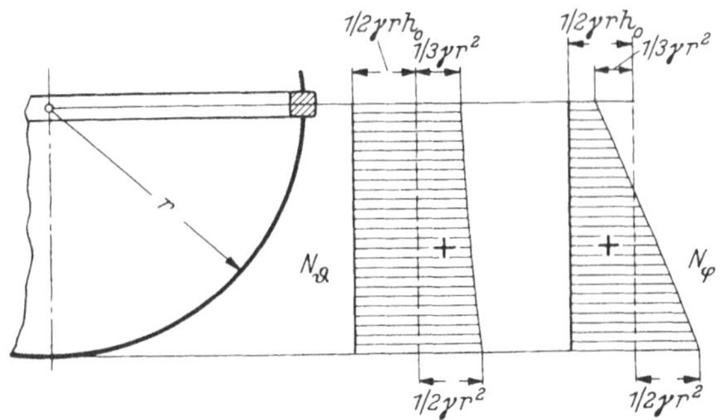

Bild 23. Streckenlängskräfte N_ϑ und N_φ für eine Halbkugelschale unter Flüssigkeitsdruck

Punkt der Kugel ihren größten Wert $\frac{1}{2}\gamma r(h_0 + r)$ und nehmen zum Auflagerring hin ab. Beachtenswert ist, daß N_ϑ stets positiv ist, N_φ jedoch bei kleiner Füllhöhe auch negativ werden kann; nämlich dann, wenn $\frac{1}{2}\gamma r h_0 < \frac{1}{3}\gamma r^2$ oder $h_0 < \frac{2}{3} r$ ist. Füllen wir den Behälter bis zum Auflagerring, so erreicht N_φ seinen größten negativen Wert am Auflagerring mit $-\frac{1}{3}\gamma r^2$.

Während im Kuppelbau Stahlbeton das gegebene Material ist und infolgedessen die Möglichkeit des Auftretens von Zugspannungen besonders beachtet werden muß, ist für den Behälterbau Stahl der am häufigsten verwendete Baustoff und dementsprechend jede Druckbeanspruchung besonders wichtig. Wegen der beim Stahl in Betracht kommenden geringen Wandstärken besteht nämlich hier die Gefahr des Ausbeulens, der gegebenenfalls durch Versteifungen begegnet werden muß. Die Untersuchung derartiger Instabilitätserscheinungen ist ein besonderes Gebiet der Schalentheorie, mit dem wir uns jedoch hier nicht befassen wollen.

5.12 Füllhöhe $h_0 \leqq 0$. Es sei noch der Spannungsverlauf betrachtet, der sich ergibt, wenn sich der Flüssigkeitsspiegel unterhalb des Auflagerringes in der Höhe eines durch $\vartheta = \vartheta_0$ gekennzeichneten Breitenkreises befindet, wie es in Bild 24 angedeutet ist.

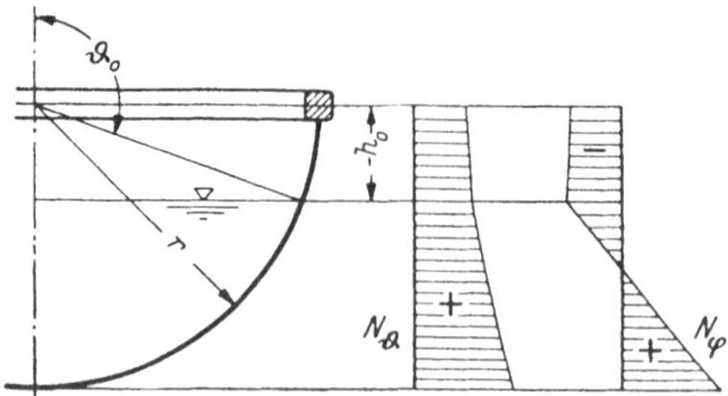

Bild 24. Streckenlängskräfte N_ϑ und N_φ bei einer Halbkugelschale unter Flüssigkeitsdruck bei einer Füllung bis $^1/_2\, r$

Für den mit Wasser gefüllten Behälterteil behalten die Formeln (31a, b) ihre Gültigkeit; wir haben nur für h_0 negative Werte einzusetzen. Dieses folgt daraus, daß die Beziehung (29) für die Belastungskomponenten auch bei negativem h_0 richtig ist. Oberhalb des Flüssigkeitsspiegels ist jedoch $p_z = 0$ zu setzen und der Spannungsverlauf neu zu berechnen. Nach (13) wird dann in diesem Bereich

$$N_\vartheta = -\frac{C}{\sin^2\vartheta}. \tag{32}$$

Die Integrationskonstante ist jetzt so zu bestimmen, daß bei $\vartheta = \vartheta_0$ der neue Wert von N_ϑ nach (32) mit dem alten Wert von N_ϑ nach (31a) oder nach (30) übereinstimmt. Wir erhalten dann

$$C = -\gamma r\left[\frac{h_0}{4}(1-\cos 2\vartheta_0) + \frac{r}{3}(1+\cos^3\vartheta_0)\right].$$

Setzen wir ferner nach Bild 24

$$\sin\left(\vartheta_0 - \frac{\pi}{2}\right) = -\frac{h_0}{r},$$

$$h_0 = r\cos\vartheta_0,$$

so wird aus (32)

$$N_\vartheta = \frac{\gamma r^2}{\sin^2\vartheta}\left[\frac{1}{4}\cos\vartheta_0(1-\cos 2\vartheta_0) + \frac{1}{3}(1+\cos^3\vartheta_0)\right]$$

oder mit

$$1-\cos 2\vartheta_0 = 2(1-\cos^2\vartheta_0)$$

$$N_\vartheta = \frac{\gamma r^2}{\sin^2\vartheta}\left(\frac{1}{3} + \frac{1}{2}\cos\vartheta_0 - \frac{1}{6}\cos^3\vartheta_0\right). \tag{33a}$$

Für N_φ erhalten wir bei $p_z = 0$ nach (11b)

$$N_\varphi = -N_\vartheta. \tag{33b}$$

Das Ergebnis nach (31) und (33) ist in Bild 24 für $h_0 = -\frac{r}{3}$ dargestellt und bedarf keiner weiteren Erläuterung.

5.2 Kreiszylinderschale bei Flüssigkeitsdruck. Zur Berechnung des zylindrischen Teils des Flüssigkeitsbehälters von Bild 22 schreiben wir zunächst allgemein die Differentialgleichungen für die Kreiszylinderschale an. Wir gehen dazu von den Gleichungen (16) für den Kegel aus, setzen dort $s = r_\varphi \tan\vartheta$ und erhalten nach Multiplikation von (16a) und (16b) mit $\cot\vartheta$

$$\frac{\partial}{\partial s}(N_s r_\varphi) + \frac{\partial T}{\partial \varphi}\frac{1}{\sin\vartheta} - N_\varphi \cot\vartheta + p_x r_\varphi = 0,$$

$$\frac{\partial N_\varphi}{\partial \varphi}\frac{1}{\sin\vartheta} + \frac{\partial}{\partial s}(T r_\varphi) + T\cot\vartheta + p_y r_\varphi = 0,$$

$$N_\varphi + p_z r_\varphi = 0.$$

Der Grenzübergang zum Zylinder läßt sich nun mit

$$\vartheta = \frac{\pi}{2}, \quad r_\varphi = \text{const} = r$$

vollziehen:

$$\left.\begin{aligned} &\frac{\partial N_s}{\partial s} r + \frac{\partial T}{\partial \varphi} + p_x r = 0, \\ &\frac{\partial N_\varphi}{\partial \varphi} + \frac{\partial T}{\partial s} r + p_y r = 0, \\ &N_\varphi + p_z r = 0. \end{aligned}\right\} \tag{34a, b, c}$$

Beschränken wir uns jetzt auf die drehsymmetrische Belastung des Behälters durch Flüssigkeitsdruck und rechnen die Koordinate s nach Bild 25 vom Flüssigkeitsspiegel ab nach unten, so wird $p_z = -\gamma s$ und nach (34a, c)

$$\frac{dN_s}{ds} = 0, \quad N_s = \text{const},$$

$$N_\varphi = \gamma r s. \tag{35}$$

Die Streckenlängskraft N_s nimmt einen konstanten Wert an, der sich z. B. aus dem Auflagerdruck eines Daches ergibt, während N_φ, wie in Bild 25 dargestellt, dem Abstand s proportional ist. Der Wasserdruck wird also hier allein von den Kräften N_φ aufgenommen.

Am Auflagerring ergibt sich wieder eine Nichterfüllung der Verformungsbedingungen durch den Membranspannungszustand, da die Ringdehnungen des Kugelbodens und des zylindrischen Teils weder untereinander noch mit der Dehnung des Auflagerringes übereinstimmen. Wir müssen also dort mit dem Auftreten von Querkräften und Biegemomenten rechnen.

Außerdem werden gerade bei zylindrischen Behältern noch in einer weiteren Hinsicht in der Regel die Verformungsbedingungen von der Membrantheorie verletzt. Da sich nach Bild 25 die Beanspruchung des Behälters nach unten vergrößert, wird man im allgemeinen auch die Wandstärke nach unten entsprechend zunehmen lassen. Im Stahlbau kann man aber keine stetig veränderliche Wandstärke erreichen, sondern nur den einzelnen Blechbahnen verschiedene Dicke geben. Die Wandstärke ändert sich dann also unstetig, und das muß wieder in den Breitenkreisen, wo der Sprung stattfindet, eine Ungültigkeit der Membranspannungen zur Folge haben, weil die Dehnung der Breitenkreise sich nicht sprunghaft ändern kann.

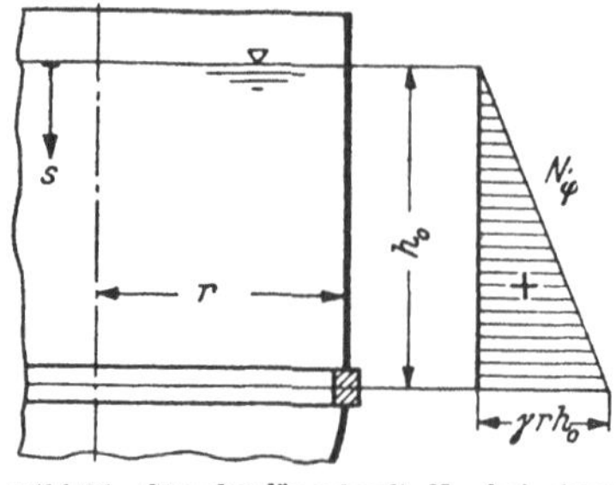

Bild 25. Streckenlängskraft N_φ bei einer Kreiszylinderschale unter Flüssigkeitsdruck

5.3 Verschiedene Behälterformen. *5.31 Zum Barkhausen- und Intze-Behälter.* Im Behälterbau ist die Frage nach einer zweckmäßigen Form des Behälters von gewisser Bedeutung. Bilden wir den Boden eines zylindrischen Behälters durch eine Kugelschale, die nach Bild 26 nicht gerade eine Halbkugel ist, so wird dabei der Auflagerring auf Druck beansprucht. Diese mit einer Knickgefahr verbundene Beanspruchung erfordert einen sehr kräftigen Auflagerring. Der Vorteil des in Kapitel 5.1 behandelten BARKHAUSEN-Behälters besteht danach darin, daß diese Druckbeanspruchung vermieden wird und der Auflagerring verhältnismäßig schwach gehalten werden kann.

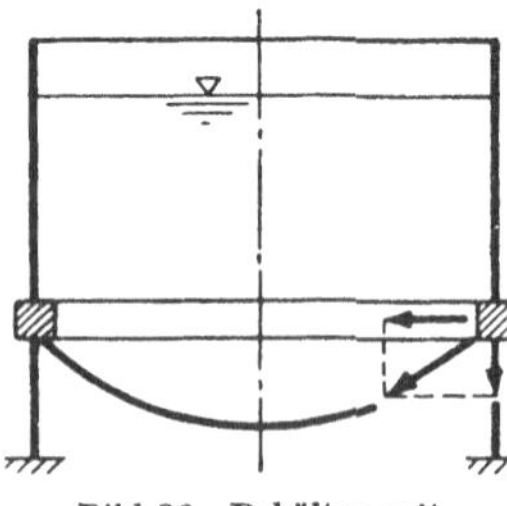
Bild 26. Behälter mit Druckring

Es gibt aber noch eine andere Möglichkeit, um dasselbe Ziel zu erreichen. In Bild 27 ist eine viel verwendete Form eines INTZE-Behälters dargestellt. Der innere, z. B. kugelförmige Stützboden, überträgt am Auflagerring nach außen gerichtete Kräfte, die den Ring auf Zug beanspruchen, die Meridiankräfte in der äußeren Wandung des Behälters liefern jedoch für den Ring eine Druckbeanspruchung. Die Form von Stützboden und Wandung wird

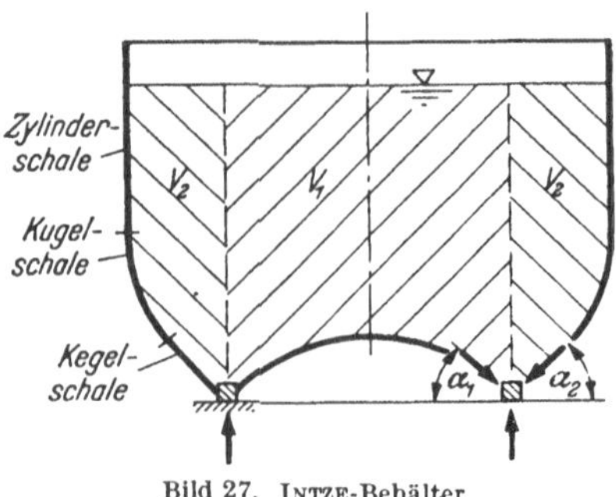

Bild 27. INTZE-Behälter

nun so gewählt, daß die Ringbeanspruchung gerade zu Null wird. Mit den Bezeichnungen von Bild 27 wird dieses erreicht, wenn

$$N_{\vartheta 1} \cos \alpha_1 = N_{\vartheta 2} \cos \alpha_2 \tag{36}$$

ist. Die lotrechten Komponenten der Größen N_ϑ können wir hier wieder sehr bequem aus der Bedingung errechnen, daß sie in ihrer Gesamtheit die Last des zugehörigen Schalenteils tragen müssen. Nach Bild 27 ist

$$\left.\begin{aligned} V_1 \gamma &= N_{\vartheta 1} \sin \alpha_1 \, 2 \, a_0 \pi \, , \\ V_2 \gamma &= N_{\vartheta 2} \sin \alpha_2 \, 2 \, a_0 \pi \, , \end{aligned}\right\} \tag{37a, b}$$

wobei V_1 und V_2 die Rauminhalte der Flüssigkeitsmengen sind, die als Belastung für den Boden bzw. für den übrigen Behälterteil in Frage kommen. Aus (36) und (37) erhalten wir als Bedingung für die konstruktive Ausbildung des Behälters

$$\frac{\tan \alpha_1}{\tan \alpha_2} = \frac{V_1}{V_2} \, .$$

Wollen wir statt der Winkel α die entsprechenden Winkel ϑ verwenden, so müssen wir $\alpha_1 = \vartheta_1$, $\alpha_2 = \pi - \vartheta_2$ setzen.

Die Verformungsbedingungen werden beim INTZE-Behälter auch wieder am Auflagerring und an den Übergangsstellen einzelner Blechbahnen verschiedener Dicke vom Membranspannungszustand nicht erfüllt werden. Außerdem zeigt uns aber die Ausführungsart von Bild 27 noch folgende Verletzung der Verformungsbedingungen.

Wenn wir voraussetzen, daß die Wandung aus einer Kegelschale, einer Kugelschale und einem zylindrischen Teil besteht, ändert sich auch bei stetigem Verlauf der Meridiantangente beim Übergang von einer Schalenform zur anderen immer noch der Krümmungshalbmesser r_ϑ unstetig. Nach der Gleichung (10c) ist

$$N_\varphi = - p_z r_\varphi - N_\vartheta \frac{r_\varphi}{r_\vartheta}$$

Beim Behälter von Bild 27 ist der Verlauf von p_z, r_φ und aus Gleichgewichtsgründen auch der von N_ϑ stetig; N_φ muß dann r_ϑ entsprechend an den Übergangsstellen unstetig sein. Dadurch ist aber wieder eine sprunghafte Änderung der Breitenkreisdehnung und folglich ein Widerspruch im Verformungszustand gegeben. Durch eine entsprechende sprunghafte Änderung der Blechstärke kann man allerdings den Widerspruch aufheben oder wenigstens mildern.

5.32 Behälter gleicher Festigkeit. Es sei noch ein besonderer Gesichtspunkt für die Formgebung von Behältern besprochen, der grundsätzliche Bedeutung hat, weil er wieder die räumliche Tragwirkung der Schalen kennzeichnet.

Beim Bogen ist man bestrebt, die Achse der Stützlinie anzupassen, um eine möglichst günstige Baustoffausnutzung ohne Biegebeanspruchung zu haben. Bei den Schalen wird dieses Ziel, wie wir gesehen haben, immer von selbst erreicht, so daß die Schalenform nach anderen Forderungen so gewählt werden kann, daß die Ausnutzung des Baustoffes möglichst gut ist. Eine solche Forderung besteht darin, daß der Spannungszustand homogen und isotrop sein soll, d. h. daß die Spannungen an jeder Stelle der Schale und auch in jeder Richtung gleich groß sind. Die auf diese Weise sich ergebenden Behälter nennen wir *Behälter gleicher Festigkeit*. Natürlich wird diese Behälterform jetzt von der Art der Belastung abhängen.

Bezeichnen wir die überall und in allen Richtungen konstante Spannung mit σ, so soll also

$$N_\vartheta = N_\varphi = \sigma t$$

sein. Damit wird aus Gleichung (10c) nach Division durch $\sigma t r_\vartheta r_\varphi$

$$\frac{1}{r_\vartheta} + \frac{1}{r_\varphi} + \frac{p_z}{\sigma t} = 0 . \tag{38}$$

Aus Bild 28, in dem ein Meridianschnitt durch eine beliebige Rotationsschale dargestellt ist, können wir die geometrische Beziehung

$$\cos\vartheta = \frac{\mathrm{d}a}{r_\vartheta \,\mathrm{d}\vartheta} \tag{39}$$

ablesen, aus der

$$\frac{1}{r_\vartheta} = \cos\vartheta \frac{\mathrm{d}\vartheta}{\mathrm{d}a} = \frac{\mathrm{d}}{\mathrm{d}a}(\sin\vartheta)$$

folgt. Setzen wir diese Beziehung in (38) ein und beachten, daß

$$\frac{1}{r_\varphi} = \frac{\sin\vartheta}{a}$$

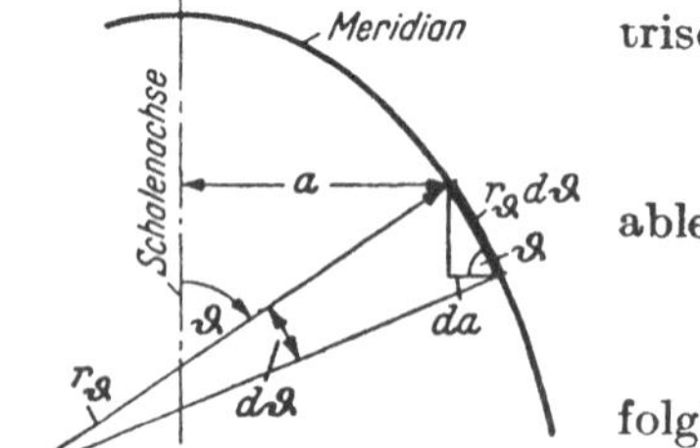

Bild 28. Meridianschnitt einer Rotationsschale

ist, so erhalten wir nach Multiplikation mit a

$$a \frac{\mathrm{d}}{\mathrm{d}a}(\sin\vartheta) + \sin\vartheta + a \frac{p_z}{\sigma t} = 0 , \tag{40}$$

also eine Differentialgleichung für $\sin\vartheta$ als Funktion von a.

Wir wollen nun etwas näher den Fall betrachten, daß es sich um einen Behälter handelt, der mit Gas oder einer stark gepreßten Flüssigkeit gefüllt ist, also unter konstantem Innendruck steht. Nennen wir diesen inneren Überdruck p, so haben wir $p_z = -p$ zu setzen. Als allgemeine Lösung der Gleichung

$$a \frac{\mathrm{d}}{\mathrm{d}a}(\sin\vartheta) + \sin\vartheta - a \frac{p}{\sigma t} = 0 \tag{41}$$

erhalten wir dann bei konstanter Wandstärke

$$\sin\vartheta = \frac{C}{a} + \frac{p}{2\,\sigma\,t}\,a\,,$$

wie man am einfachsten durch Einsetzen in (41) bestätigt.

C ist dabei eine Integrationskonstante, durch die eine ganze Schar von möglichen Meridiankurven festgelegt wird. Verlangen wir jedoch, daß es sich um einen allseitig geschlossenen Behälter handelt, so muß die gesuchte Meridiankurve der Bedingung genügen, daß in der Schalenachse für $a = 0$ auch $\sin\vartheta = 0$ wird, weil in diesem Fall $\vartheta = 0$ oder $\vartheta = \pi$ sein muß. Dieses kann aber nur für $C = 0$ erfüllt werden[1], so daß wir

$$\sin\vartheta = \frac{p}{2\,\sigma\,t}\,a$$

bekommen. $\sin\vartheta$ muß also proportional dem Abstand a sein, und das heißt, daß die Meridiankurve ein Kreis, der Behälter also eine *Kugel* sein muß.

Ist die Belastung nicht mehr konstant, sondern liegt etwa ein Behälter vor, der mit einer schweren Flüssigkeit bis zum Scheitel gefüllt ist, dort aber noch unter Überdruck steht, so hätten wir

$$p_z = -\,(p_0 + \gamma\,h)$$

zu setzen. Dabei ist p_0 der Überdruck im Scheitel und h die längs der Schalenachse vom Scheitel aus gemessene Koordinate. Lassen wir die Wandstärke sich nach einem entsprechenden Gesetz wie p_z ändern, so daß in (40) $\frac{p_z}{\sigma\,t}$ wieder ein konstanter Wert wird, so ist auch wieder die Kugelschale der Behälter gleicher Festigkeit.

Verlangen wir jedoch eine konstante Wandstärke, so werden wir auf eine Differentialgleichung geführt, deren — allerdings nicht ganz einfache — Lösung[2] den *Wölbmantel-* oder *Tropfen*behälter liefert, der in Bild 29 dargestellt ist. Er hat die Form eines auf einer ebenen Fläche ruhenden Flüssigkeitstropfens, da die Oberflächenspannungen, die die Gestalt eines Tropfens bestimmen, demselben Gesetz folgen, das wir für den Spannungszustand des Behälters verlangt haben.

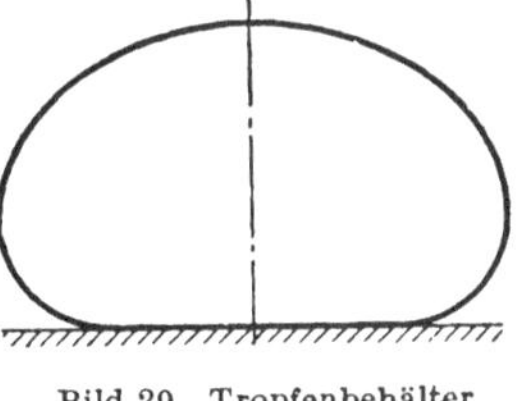

Bild 29. Tropfenbehälter

[1] Eine Diskussion der Lösungen für $C \neq 0$ findet sich bei F. TÖLKE, Z. angew. Math. Mech. **19**, 338 (1939).

[2] Die Lösung findet sich z. B. bei: W. FLÜGGE: Statik und Dynamik der Schalen, Berlin 1934, S. 34.

III. Biegetheorie der drehsymmetrisch belasteten Rotationsschalen

6 Gleichgewicht am Schalenelement

An einer Reihe von Beispielen haben wir schon feststellen müssen, daß die Membrantheorie den Verformungsbedingungen bestimmt nicht unter allen Umständen gerecht wird. Eine nähere Untersuchung der Widersprüche, die an den Rändern der Schalen bzw. einzelner Schalenteile auftraten, ist sicher wünschenswert. Darüber hinaus erscheint es aber auch notwendig zu prüfen, ob nicht vielleicht durch die Membrantheorie sogar an jedem einzelnen Schalenelement die Bedingungen des Verformungszustandes in unzulässigem Maße verletzt werden. Die Untersuchung dieser Frage ist für die Beurteilung der Brauchbarkeit der Membrantheorie genau so wichtig, wie der in Abschnitt 4.4 geführte Nachweis, daß die *Gleichgewichts*bedingungen für jedes Element befriedigt werden. Mit diesen Problemen wollen wir uns nun etwas näher befassen. Hierzu ist es notwendig, eine genaue Schalentheorie unter Berücksichtigung aller Schnittgrößen zu entwickeln. Es ist üblich, diese Theorie, in der die Biegemomente eine besondere Rolle spielen, als

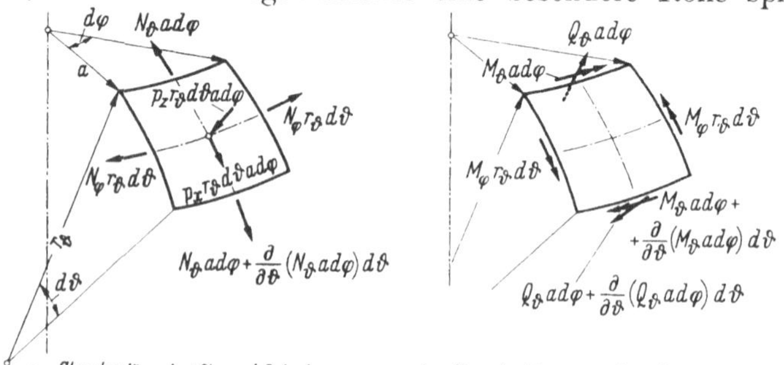

a *Streckenlängskräfte und Belastung* b *Streckenbiegemomente und -querkräfte*

Bild 30 a u. b. Schnittgrößen am Element der Rotationsschale bei drehsymmetrischer Belastung

Biegetheorie zu bezeichnen. Die vollständige Biegetheorie der Schalen ist allerdings sehr verwickelt. Wir wollen uns daher auf den praktisch wichtigsten Fall drehsymmetrischer Belastung beschränken.

Es sei mit der Aufstellung der Gleichgewichtsbedingungen am Schalenelement, das in Bild 30a u. b dargestellt ist, begonnen. In Bild 30a sind dieselben Kräfte eingetragen, die schon nach der Membrantheorie wirken, wobei jedoch – zum Unterschied von Bild 13 – alles fortgelassen ist, was mit der vorausgesetzten Drehsymmetrie der Belastung nicht vereinbar ist. Es sind das die Belastungskomponente p_y, die Streckenschubkräfte und der Zuwachs der Streckenlängskräfte N_φ. Bild 30b zeigt die neu hinzukommenden Streckenquerkräfte Q_ϑ und Streckenbiegemomente M_ϑ und M_φ. Die Streckenquerkräfte Q_φ und die Streckendrillmomente müssen wegen der Drehsymmetrie gleich Null sein. Aus dem gleichen Grunde dürfen sich die Streckenbiegemomente M_φ nicht mit φ ändern.

Das Gleichgewicht der Kräfte in Richtung der Meridiantangente, d. h. in x-Richtung, lautet

$$\frac{\partial}{\partial\vartheta}(N_\vartheta a\,\mathrm{d}\varphi)\,\mathrm{d}\vartheta - N_\varphi r_\vartheta \mathrm{d}\vartheta\,\mathrm{d}\varphi\cos\vartheta - Q_\vartheta a\,\mathrm{d}\varphi\,\mathrm{d}\vartheta + p_x r_\vartheta \mathrm{d}\vartheta\, a\,\mathrm{d}\varphi = 0\,. \quad (42\mathrm{a})$$

Die ersten beiden Glieder und das letzte Glied dieser Gleichung kommen bereits in der für die Membrantheorie gültigen Gleichung (8a) vor und bedürfen keiner weiteren Erläuterung. Das dritte Glied ergibt sich nach Bild 30b aus der Tatsache, daß die Querkräfte $Q_\vartheta\, a\,\mathrm{d}\varphi$ den Kontingenzwinkel $\mathrm{d}\vartheta$ miteinander bilden und dementsprechend eine Resultierende der angegebenen Größe in der negativen x-Richtung liefern.

Das Gleichgewicht in y-Richtung ist wegen der Drehsymmetrie von selbst erfüllt. Für das Gleichgewicht in z-Richtung erhalten wir, wobei jetzt gegenüber Gleichung (8c) noch der Zuwachs der Querkräfte $Q_\vartheta\, a\,\mathrm{d}\varphi$ hinzukommt,

$$N_\vartheta a\,\mathrm{d}\varphi\,\mathrm{d}\vartheta + N_\varphi r_\vartheta \mathrm{d}\vartheta\,\mathrm{d}\varphi\sin\vartheta + \frac{\partial}{\partial\vartheta}(Q_\vartheta a\,\mathrm{d}\varphi)\,\mathrm{d}\vartheta + p_z r_\vartheta \mathrm{d}\vartheta\, a\,\mathrm{d}\varphi = 0\,. \quad (42\mathrm{b})$$

Das Momentengleichgewicht um die x- und z-Achse ist aus Symmetriegründen von selbst befriedigt. Für das Gleichgewicht um die y-Achse bekommen wir nach Bild 30b

$$\frac{\partial}{\partial\vartheta}(M_\vartheta a\,\mathrm{d}\varphi)\,\mathrm{d}\vartheta - Q_\vartheta a\,\mathrm{d}\varphi\, r_\vartheta \mathrm{d}\vartheta + M_\varphi r_\vartheta \mathrm{d}\vartheta \frac{a\,\mathrm{d}\varphi}{r_\varphi \tan\vartheta} = 0\,. \quad (42\mathrm{c})$$

Das erste Glied dieser Gleichung ist der Zuwachs der Biegemomente $M_\vartheta\, a\,\mathrm{d}\varphi$, das zweite das Moment des Querkraftkräftepaares $Q_\vartheta a\,\mathrm{d}\varphi$ und das dritte die Resultierende der Momentenvektoren $M_\varphi\, r_\vartheta\,\mathrm{d}\vartheta$ in y-Richtung. Der Kontingenzwinkel dieser Vektoren ist der bereits nach Bild 15 ermittelte Winkel $d\varepsilon = \frac{a\,\mathrm{d}\varphi}{r_\varphi \tan\vartheta}$, der dort zwischen den Schubkräften T auftrat.

Dividieren wir die Gleichungen (42) durch $\mathrm{d}\vartheta\,\mathrm{d}\varphi$, setzen $a = r_\varphi \sin\vartheta$ und benutzen das gewöhnliche Differentiationszeichen, so erhalten wir als Gleichgewichtsbedingungen der Biegetheorie

$$\left.\begin{aligned}
&\frac{\mathrm{d}}{\mathrm{d}\vartheta}(N_\vartheta r_\varphi \sin\vartheta) - N_\varphi r_\vartheta \cos\vartheta - Q_\vartheta r_\varphi \sin\vartheta + p_x r_\vartheta r_\varphi \sin\vartheta = 0\,,\\
&N_\vartheta r_\varphi \sin\vartheta + N_\varphi r_\vartheta \sin\vartheta + \frac{\mathrm{d}}{\mathrm{d}\vartheta}(Q_\vartheta r_\varphi \sin\vartheta) + p_z r_\vartheta r_\varphi \sin\vartheta = 0\,,\\
&\frac{\mathrm{d}}{\mathrm{d}\vartheta}(M_\vartheta r_\varphi \sin\vartheta) - Q_\vartheta r_\vartheta r_\varphi \sin\vartheta + M_\varphi r_\vartheta \cos\vartheta = 0\,.
\end{aligned}\right\} \quad (43\mathrm{a, b, c})$$

Mit den in Abschnitt 4.6 angegebenen Grenzübergängen und Bezeichnungsänderungen können wir aus (43) leicht die Gleichungen für die

Kegelschale gewinnen, wobei selbstverständlich statt Q_ϑ und M_ϑ nun auch Q_s und M_s zu schreiben ist:

$$\left.\begin{aligned}&\frac{d}{ds}(N_s s) - N_\varphi + p_x s = 0\,,\\&N_\varphi + \frac{d}{ds}(Q_s s)\cot\vartheta + p_z s\cot\vartheta = 0\,,\\&\frac{d}{ds}(M_s s) - Q_s s + M_\varphi = 0\,.\end{aligned}\right\}\qquad(44\text{a, b, c})$$

Mit den in 5.2 beschriebenen Grenzübergängen folgen die Gleichungen für die Kreiszylinderschale zu

$$\left.\begin{aligned}&\frac{dN_s}{ds} + p_x = 0\,,\\&N_\varphi + \frac{dQ_s}{ds}r + p_z r = 0\,,\\&\frac{dM_s}{ds} - Q_s = 0\,.\end{aligned}\right\}\qquad(45\text{a, b, c})$$

Es ist beachtenswert, daß sich die Gleichungen (44a) und (45a) nicht mehr von den entsprechenden Gleichungen der Membrantheorie unterscheiden. (45c) entspricht der bekannten Aussage der Stabstatik, daß die Ableitung des Biegemomentes gleich der Querkraft ist.

7 Elastizitätsgesetz für die Schnittgrößen

7.1 Geometrische Beziehungen zwischen Verformungsgrößen. Da der Kräftezustand der Biegetheorie statisch unbestimmt ist, müssen wir zu seiner Berechnung auf die Verformungen der Schale eingehen. Hierzu ist es notwendig, die Schnittgrößen durch geeignete Formänderungsgrößen auszudrücken. Als solche sind häufig die Verschiebungen eines Punktes der Schalenmittelfläche am besten geeignet. Im vorliegenden Fall ist es jedoch zweckmäßiger, die Dehnungen der Mittelfläche und die Drehung der Meridiantangente zu benutzen. Es sei

$\varepsilon_{\vartheta_z}$ Dehnung einer Faser $\varphi = \text{const.}$, $z = \text{const.}$, d. h. Dehnung einer im beliebigen Abstand z von der Mittelfläche parallel zum Meridian verlaufenden Faser,

ε_{φ_z} Dehnung einer Faser $\vartheta = \text{const.}$, $z = \text{const.}$, d. h. einer im Abstand z vom Breitenkreis verlaufenden Faser,

$\varepsilon_\vartheta, \varepsilon_\varphi$ Werte von $\varepsilon_{\vartheta_z}$ und ε_{φ_z} für $z = 0$. d. h. Dehnungen des Meridians und des Breitenkreises,

χ bei der Verformung auftretende Änderung des Winkels ϑ, d. h. Drehung der Meridiantangente.

Diese Formänderungsgrößen sind nicht voneinander unabhängig. Sie sind vielmehr durch geometrische Beziehungen miteinander verknüpft, deren Ableitung unser nächstes Ziel ist.

Hierzu sei nach Bild 31 der Meridianschnitt eines Schalenelementes vor und nach der Verformung betrachtet. Bei der Formänderung gehen die Größen r_ϑ, r_φ und ϑ in $r_\vartheta + \Delta r_\vartheta$, $r_\varphi + \Delta r_\varphi$ und $\vartheta + \chi$ über. Die Länge der in Bild 31 gestrichelt eingezeichneten, im beliebigen Abstand z von der Mittelfläche verlaufenden Faser ist vor der Verformung $(r_\vartheta - z)\,\mathrm{d}\vartheta$, nach der Verformung $(r_\vartheta + \Delta r_\vartheta - z)\,d(\vartheta + \chi)$. Die Differenz ist die Längenänderung und deren Verhältnis zur ursprünglichen Länge die Dehnung:

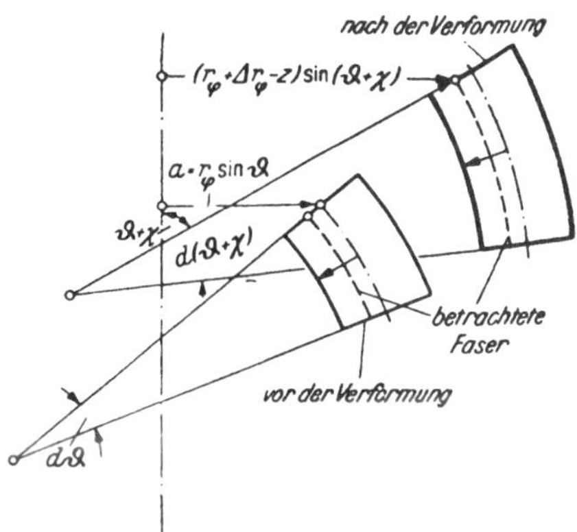

Bild 31. Meridianschnitt eines Schalenelementes vor und nach der Verformung

$$\varepsilon_{\vartheta_z} = \frac{(r_\vartheta + \Delta r_\vartheta - z)\,\mathrm{d}(\vartheta + \chi) - (r_\vartheta - z)\,\mathrm{d}\vartheta}{(r_\vartheta - z)\,\mathrm{d}\vartheta}.$$

Im Zähler dieses Ausdrucks können wir beim Ausmultiplizieren das Produkt $\Delta r_\vartheta\,\mathrm{d}\chi$ vernachlässigen, da wir uns nach den in Abschnitt 2.2 näher besprochenen Voraussetzungen auf Glieder beschränken können, die in den Formänderungen linear sind. Wir erhalten so

$$\varepsilon_{\vartheta_z} = \frac{\Delta r_\vartheta}{r_\vartheta - z} + \frac{\mathrm{d}\chi}{\mathrm{d}\vartheta}. \tag{46}$$

Für $z = 0$ wird daraus

$$\varepsilon_\vartheta = \frac{\Delta r_\vartheta}{r_\vartheta} + \frac{\mathrm{d}\chi}{\mathrm{d}\vartheta}. \tag{47}$$

Eliminieren wir aus (46) und (47) die Längenänderung Δr_ϑ, so erhalten wir

$$\varepsilon_{\vartheta_z} = \frac{r_\vartheta}{r_\vartheta - z}\,\varepsilon_\vartheta - \frac{z}{r_\vartheta - z}\,\frac{\mathrm{d}\chi}{\mathrm{d}\vartheta}. \tag{48}$$

Eine entsprechende Beziehung ergibt sich für $\varepsilon_{\varphi z}$, wenn wir die Dehnung einer Ringfaser $(r_\varphi - z)\sin\vartheta\,\mathrm{d}\varphi$ nach Bild 31 anschreiben. Es ist

$$\varepsilon_{\varphi_z} = \frac{(r_\varphi + \Delta r_\varphi - z)\sin(\vartheta + \chi)\,\mathrm{d}\varphi - (r_\varphi - z)\sin\vartheta\,\mathrm{d}\varphi}{(r_\varphi - z)\sin\vartheta\,\mathrm{d}\varphi}.$$

Mit Rücksicht auf kleine Verformungen kann $\cos\chi \approx 1$, $\sin\chi \approx \chi$, also

$$\sin(\vartheta + \chi) = \sin\vartheta\cos\chi + \cos\vartheta\sin\chi$$
$$= \sin\vartheta + \chi\cos\vartheta$$

gesetzt werden. Damit und unter Vernachlässigung des Produktes $\Delta r_\varphi \chi$ erhalten wir

$$\varepsilon_{\varphi_z} = \frac{\Delta r_\varphi}{r_\varphi - z} + \chi \cot \vartheta ,$$

$$\varepsilon_\varphi = \frac{\Delta r_\varphi}{r_\varphi} + \chi \cot \vartheta$$

und nach Elimination von Δr_φ

$$\varepsilon_{\varphi_z} = \frac{r_\varphi}{r_\varphi - z} \varepsilon_\varphi - \frac{z}{r_\varphi - z} \chi \cot \vartheta . \tag{49}$$

Eine weitere im folgenden benötigte Beziehung ergibt sich, wenn wir die in Abschnitt 5.3 bereits benutzte Gleichung (39)

$$\cos \vartheta = \frac{\mathrm{d} a}{r_\vartheta \, \mathrm{d} \vartheta}$$

auch für den verformten Zustand anschreiben. Bei der Formänderung geht ϑ in $\vartheta + \chi$, a in $(1 + \varepsilon_\varphi)\, a$ und $r_\vartheta \, \mathrm{d}\vartheta$ in $(1 + \varepsilon_\vartheta)\, r_\vartheta \, \mathrm{d}\vartheta$ über. Der Radius a hat dabei dieselbe Dehnung ε_φ wie der Breitenkreisumfang, da sich beide nur durch den Faktor 2π unterscheiden. Wir erhalten so

$$\cos (\vartheta + \chi) = \frac{1}{(1 + \varepsilon_\vartheta)\, r_\vartheta} \frac{\mathrm{d}}{\mathrm{d}\vartheta} (1 + \varepsilon_\varphi)\, a ,$$

$$(1 + \varepsilon_\vartheta)(\cos \vartheta \cos \chi - \sin \vartheta \sin \chi) = \frac{a}{r_\vartheta} \frac{\mathrm{d}}{\mathrm{d}\vartheta} (1 + \varepsilon_\varphi) + \frac{1 + \varepsilon_\varphi}{r_\vartheta} \frac{\mathrm{d} a}{\mathrm{d}\vartheta} .$$

Bei Beschränkung auf kleine Verformungen und mit $a = r_\varphi \sin \vartheta$ wird daraus

$$-\chi \sin \vartheta + \varepsilon_\vartheta \cos \vartheta = \frac{a}{r_\vartheta} \frac{\mathrm{d}\varepsilon_\varphi}{\mathrm{d}\vartheta} + \frac{\varepsilon_\varphi}{r_\vartheta} \frac{\mathrm{d} a}{\mathrm{d}\vartheta} = \frac{r_\varphi}{r_\vartheta} \frac{\mathrm{d}\varepsilon_\varphi}{\mathrm{d}\vartheta} \sin \vartheta + \varepsilon_\varphi \cos \vartheta ,$$

$$\chi = (\varepsilon_\vartheta - \varepsilon_\varphi) \cot \vartheta - \frac{r_\varphi}{r_\vartheta} \frac{\mathrm{d}\varepsilon_\varphi}{\mathrm{d}\vartheta} . \tag{50}$$

7.2 Hookesches Gesetz. Spannungszustand. Mit Hilfe des Hookeschen Gesetzes können wir einen Zusammenhang zwischen $\varepsilon_{\vartheta z}$ und $\varepsilon_{\varphi z}$ und den zu diesen Dehnungen gehörigen Spannungen herstellen, die mit σ_ϑ und σ_φ bezeichnet seien. Es gilt bekanntlich

$$\left.\begin{aligned} \varepsilon_{\vartheta_z} &= \frac{1}{E} (\sigma_\vartheta - \mu \sigma_\varphi) , \\ \varepsilon_{\varphi_z} &= \frac{1}{E} (\sigma_\varphi - \mu \sigma_\vartheta) , \end{aligned}\right\} \tag{51}$$

wobei in üblicher Bezeichnungsweise E den Elastizitätsmodul und μ die Querkontraktionszahl bedeutet. Die Spannung in z-Richtung ist voraussetzungsgemäß vernachlässigt. Die Auflösung nach den Spannungen liefert aus (51)

$$\left.\begin{aligned} \sigma_\vartheta &= \frac{E}{1 - \mu^2} (\varepsilon_{\vartheta_z} + \mu \varepsilon_{\varphi_z}) , \\ \sigma_\varphi &= \frac{E}{1 - \mu^2} (\varepsilon_{\varphi_z} + \mu \varepsilon_{\vartheta_z}) . \end{aligned}\right\} \tag{52a, b}$$

Mit Benutzung von (48) und (49) wird daraus

$$\left.\begin{aligned}\sigma_\vartheta &= \frac{E}{1-\mu^2}\left(\frac{r_\vartheta}{r_\vartheta - z}\,\varepsilon_\vartheta + \mu\,\frac{r_\varphi}{r_\varphi - z}\,\varepsilon_\varphi - \frac{z}{r_\vartheta - z}\,\frac{d\chi}{d\vartheta} - \mu\,\frac{z}{r_\varphi - z}\,\chi\cot\vartheta\right),\\ \sigma_\varphi &= \frac{E}{1-\mu^2}\left(\frac{r_\varphi}{r_\varphi - z}\,\varepsilon_\varphi + \mu\,\frac{r_\vartheta}{r_\vartheta - z}\,\varepsilon_\vartheta - \frac{z}{r_\varphi - z}\,\chi\cot\vartheta - \mu\,\frac{z}{r_\vartheta - z}\,\frac{d\chi}{d\vartheta}\right).\end{aligned}\right\}\quad(53\text{a, b})$$

Diese Gleichungen liefern wegen der Glieder mit $\frac{1}{r_\vartheta - z}$ bzw. $\frac{1}{r_\varphi - z}$ eine nichtlineare Abhängigkeit der Spannungen von der Koordinate z. Genau so wie in der Statik biegungsfester Stäbe nur bei gerader Stabachse die Annahme vom Ebenbleiben der Querschnitte zu einer ebenen Spannungsverteilung führt, bei gekrümmten Stäben der Spannungsverlauf jedoch nicht mehr linear ist, ergeben sich auch hier Abweichungen vom Linearen, da die Schale schon im spannungslosen Zustand gekrümmt ist. Genau so wie aber fast alle nicht geraden Stäbe als „schwach gekrümmt" angesehen und die Abweichungen vom linearen Verlauf vernachlässigt werden können, darf auch hier die Rechnung entsprechend vereinfacht werden. Im Einklang mit der Voraussetzung, daß die Schalenstärke stets klein gegenüber den Abmessungen der Mittelfläche sein soll, können wir z gegenüber r_ϑ bzw. r_φ streichen und $\frac{1}{r_\vartheta - z} \approx \frac{1}{r_\vartheta}$, $\frac{1}{r_\varphi - z} \approx \frac{1}{r_\varphi}$ setzen. Statt (53) erhalten wir dann

$$\left.\begin{aligned}\sigma_\vartheta &= \frac{E}{1-\mu^2}\left(\varepsilon_\vartheta + \mu\,\varepsilon_\varphi - \frac{z}{r_\vartheta}\,\frac{d\chi}{d\vartheta} - \mu\,\frac{z}{r_\varphi}\,\chi\cot\vartheta\right),\\ \sigma_\varphi &= \frac{E}{1-\mu^2}\left(\varepsilon_\varphi + \mu\,\varepsilon_\vartheta - \frac{z}{r_\varphi}\,\chi\cot\vartheta - \mu\,\frac{z}{r_\vartheta}\,\frac{d\chi}{d\vartheta}\right).\end{aligned}\right\}\quad(54\text{a, b})$$

7.3 Schnittgrößen. Aus den Spannungen können wir die Schnittgrößen durch Integration über die Schalenstärke erhalten. Hierzu möge Bild 32 dienen. Dort ist ein Schalenelement mit den Spannungen σ_ϑ und σ_φ dargestellt. Daraus erhalten wir für die entsprechenden am Element wirkenden Schnittgrößen im Vergleich mit Bild 30 aus dem Gleichgewicht in Meridianrichtung

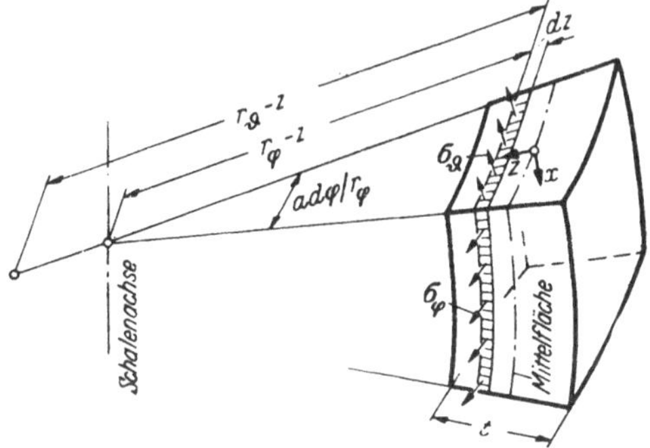

Bild 32. Spannungen am Schalenelement

$$N_\vartheta\, a\, d\varphi = \int_{-t/2}^{+t/2} \sigma_\vartheta\,(r_\varphi - z)\,\frac{a}{r_\varphi}\,d\varphi\,dz\,.$$

Vernachlässigen wir auch hierbei wieder z gegenüber r_φ, so erhalten wir nach Division durch $a\, d_\varphi$

$$N_\vartheta = \int_{-t/2}^{+t/2} \sigma_\vartheta \, \mathrm{d}z \,. \tag{55a}$$

In gleicher Weise bekommen wir

$$\left.\begin{aligned} N_\varphi &= \int_{-t/2}^{+t/2} \sigma_\varphi \, \mathrm{d}z \,, \\ M_\vartheta &= \int_{-t/2}^{+t/2} \sigma_\vartheta \, z \, \mathrm{d}z \,, \\ M_\varphi &= -\int_{-t/2}^{+t/2} \sigma_\varphi \, z \, \mathrm{d}z \,. \end{aligned}\right\} \tag{55b, c, d}$$

Beachtenswert ist dabei, daß positive Spannungen σ_φ mit einem positiven Hebelarm z ein negatives M_φ liefern, wie sich aus der Richtung der Momentenvektoren in Bild 30b sofort ergibt.

In die Ausdrücke (55) können wir die Beziehungen (54) einsetzen und die Integrale auswerten. Dabei ist

$$\int_{-t/2}^{+t/2} \mathrm{d}z = t \,, \qquad \int_{-t/2}^{+t/2} z \, \mathrm{d}z = 0 \,, \qquad \int_{-t/2}^{+t/2} z^2 \, \mathrm{d}z = \frac{t^3}{12} \,.$$

Führen wir noch die Abkürzungen

$$\left.\begin{aligned} D &= \frac{E\,t}{1-\mu^2} = \text{Dehnungssteifigkeit} \,, \\ B &= \frac{E\,t^3}{12\,(1-\mu^2)} = \text{Biegesteifigkeit} \end{aligned}\right\} \tag{56a, b}$$

ein, so erhalten wir

$$\left.\begin{aligned} N_\vartheta &= D\,(\varepsilon_\vartheta + \mu\,\varepsilon_\varphi) \,, \\ N_\varphi &= D\,(\varepsilon_\varphi + \mu\,\varepsilon_\vartheta) \,, \end{aligned}\right\} \tag{57a, b}$$

$$\left.\begin{aligned} M_\vartheta &= -\,B\left(\frac{1}{r_\vartheta}\,\frac{\mathrm{d}\chi}{\mathrm{d}\vartheta} + \mu\,\frac{\chi}{r_\varphi}\cot\vartheta\right), \\ M_\varphi &= B\left(\frac{\chi}{r_\varphi}\cot\vartheta + \mu\,\frac{1}{r_\vartheta}\,\frac{\mathrm{d}\chi}{\mathrm{d}\vartheta}\right). \end{aligned}\right\} \tag{57c, d}$$

Damit ist das Elastizitätsgesetz für die Schnittgrößen in einer einfachen und hinsichtlich N_ϑ und N_φ sehr einleuchtenden Form gefunden. Allerdings fehlt eine Gleichung für die Streckenquerkraft Q_ϑ. Sie läßt sich nicht auf demselben Wege wie die übrigen Beziehungen gewinnen, da voraussetzungsgemäß die Schubverformungen vernachlässigt sind und infolgedessen keine den Gleichungen (54) entsprechende Beziehung für die Schubspannungen angegeben werden kann. Wollen wir trotzdem Q_ϑ durch die Verzerrungen der Mittelfläche ausdrücken, so müssen wir auf die Gleichgewichtsbedingung (43c) zurückgreifen und können dann Q_ϑ als Funktion von M_ϑ und M_φ und damit als Funktion von χ erhalten.

Mit Hilfe von (57) können wir jetzt auch in (54) die Dehnungen und Winkeländerungen durch die Schnittgrößen ersetzen. Nach einfacher Rechnung ergibt sich

$$\sigma_\vartheta = \frac{E}{1-\mu^2}\left(\frac{N_\vartheta}{D} + \frac{M_\vartheta}{B} z\right),$$

$$\sigma_\varphi = \frac{E}{1-\mu^2}\left(\frac{N_\varphi}{D} - \frac{M_\varphi}{B} z\right).$$

Mit Benutzung von (56) wird daraus

$$\left.\begin{aligned} \sigma_\vartheta &= \frac{N_\vartheta}{t} + \frac{M_\vartheta}{\frac{t^3}{12}} z, \\ \sigma_\varphi &= \frac{N_\varphi}{t} - \frac{M_\varphi}{\frac{t^3}{12}} z. \end{aligned}\right\} \tag{58a, b}$$

Da t die Fläche und $\frac{t^3}{12}$ das Trägheitsmoment eines Rechteckquerschnittes von der Höhe t und der Breite Eins ist, liefern die Formeln (58) ein eigentlich selbstverständliches Ergebnis. Beachtenswert ist nur das Vorzeichen der Biegespannungen: An der inneren Schalenleibung erzeugt ein positives M_ϑ positive, ein positives M_φ negative Spannungen, was im übrigen auch direkt anschaulich aus der als positiv eingeführten Richtung der Momentenvektoren nach Bild 30b folgt.

8 Kreiszylinderschale

8.1 Differentialgleichung. Mit den bisher aufgestellten Gleichungen läßt sich das vorgelegte Problem grundsätzlich lösen, da den fünf unbekannten Schnittgrößen N_ϑ, N_φ, Q_ϑ, M_ϑ, M_φ und den drei unbekannten Verformungsgrößen ε_ϑ, ε_φ, χ in den Beziehungen (43a—c), (50) und (57a—d) auch gerade acht Gleichungen gegenüberstehen. Die Lösung wollen wir jedoch vorerst nicht allgemein, sondern nur für den einfachen Sonderfall der Kreiszylinderschale durchführen.

Die hierfür gültigen Gleichgewichtsbedingungen sind bereits mit den Gleichungen (45) gegeben. Die geometrische Beziehung (50) vereinfacht sich mit $\cot\vartheta = 0$, $r_\vartheta \, d\vartheta = ds$, $r_\varphi = r$ und $\varepsilon_\vartheta = \varepsilon_s$ zu

$$\chi = -r\frac{d\varepsilon_\varphi}{ds}. \tag{59}$$

Wegen der besonders einfachen Verhältnisse bei der Kreiszylinderschale können wir statt der Verzerrungsgrößen ε_s, ε_φ und χ genau so gut die etwas anschaulicheren Verschiebungen eines Punktes der Mittelfläche benutzen. Bezeichnen wir die in x-Richtung auftretende Verschiebung mit u, die in z-Richtung auftretende mit w, so ist

$$\varepsilon_s = \frac{\mathrm{d}u}{\mathrm{d}s}, \qquad \varepsilon_\varphi = -\frac{w}{r}. \tag{60a, b}$$

(60a) ergibt sich aus der Tatsache, daß $\mathrm{d}u$ die Längenänderung des Elementes $\mathrm{d}s$ ist, und (60b) folgt daraus, daß die Längenänderung $\varepsilon_\varphi\, r\,\mathrm{d}\varphi$ eines Breitenkreiselementes gleich $(r - w)\,\mathrm{d}\varphi - r\,\mathrm{d}\varphi = -w\,\mathrm{d}\varphi$ sein muß. Kennzeichnen wir noch zur Abkürzung die Differentiation nach s durch einen Strich, so erhalten wir aus (59)

$$\chi = w' \tag{61}$$

und mit (60) und (61) aus (57)

$$\left.\begin{aligned} N_s &= D\left(u' - \mu\frac{w}{r}\right), \\ N_\varphi &= -D\left(\frac{w}{r} - \mu u'\right), \end{aligned}\right\} \tag{62a, b}$$

$$\left.\begin{aligned} M_s &= -B w'', \\ M_\varphi &= B\mu w''. \end{aligned}\right\} \tag{62c, d}$$

In (62c) finden wir eine bekannte Beziehung der Stabstatik wieder, die dort als ,,Differentialgleichung der Biegelinie'' bezeichnet wird. Für die Querkraft Q_s bekommen wir aus (45c) und (62c)

$$Q_s = -(B w'')'. \tag{62e}$$

Nach (45a) läßt sich die Schnittkraft N_s auf statisch bestimmte Weise berechnen:

$$N_s = -\int p_x\,\mathrm{d}s + C, \tag{63}$$

wobei C eine Integrationskonstante ist. Weiter folgt nach (62a)

$$u' = \frac{N_s}{D} + \mu\frac{w}{r}. \tag{64a}$$

Aus (45b, c) können wir die Querkraft Q_s eliminieren und bekommen

$$M_s'' + \frac{N_\varphi}{r} + p_z = 0.$$

Drücken wir darin N_φ und M_s nach (62b, c) durch die Verschiebungen aus, so erhalten wir

$$(B w'')'' + \frac{D}{r}\left(\frac{w}{r} - \mu u'\right) - p_z = 0$$

und mit (64a)

$$(B w'')'' + (1 - \mu^2)\frac{D}{r^2} w - \mu\frac{N_s}{r} - p_z = 0. \tag{64b}$$

Mit (64a, b) haben wir zwei Differentialgleichungen für die Verschiebungen u und w gefunden, mit deren Integration wir uns im folgenden beschäftigen wollen.

8.2 Partikularlösungen für Flüssigkeitsdruck. *8.21 Konstante Wandstärke.* Die Lösung von (64) sei für Belastung durch Wasserdruck näher betrachtet. Es sei

$$p_z = -\gamma s\,, \quad N_s = 0\,,$$

wobei s wieder, wie in Bild 25, vom Flüssigkeitsspiegel aus nach unten gemessen wird. Die Bedingung $N_s = 0$ setzt voraus, daß der Behälter, wie z. B. in Bild 22, am unteren Rand gestützt ist und nicht etwa am oberen Rand aufgehängt ist. Aus (64b) bekommen wir dann

$$(B\,w'')'' + (1-\mu^2)\,\frac{D}{r^2}\,w + \gamma\,s = 0\,. \tag{65}$$

Die Lösung dieser linearen inhomogenen Differentialgleichung setzen wir in üblicher Weise aus einer Partikularlösung und der allgemeinen Lösung der homogenen Gleichung zusammen. Beginnen wir mit der Aufstellung einer Partikularlösung für konstante Wandstärke, so ergibt sich diese sofort zu

$$w_P = -\frac{\gamma\,r^2}{(1-\mu^2)\,D}\,s\,, \tag{66a}$$

wobei der Index P auf die Partikularlösung hinweisen soll. Aus (64a) folgt ferner

$$u_P' = -\mu\,\frac{\gamma\,r}{(1-\mu^2)\,D}\,s\,. \tag{66b}$$

Die zugehörigen Schnittgrößen sind nach (62)

$$\left.\begin{aligned} N_{s_P} &= 0\,, & N_{\varphi_P} &= \gamma\,r\,s\,,\\ M_{s_P} &= 0\,, & M_{\varphi_P} &= 0\,. \end{aligned}\right\} \tag{67a—d}$$

Vergleichen wir dieses Ergebnis mit Gleichung (35), so stellen wir die beachtenswerte Tatsache fest, daß die gewonnene Partikularlösung mit der Lösung der Membrantheorie übereinstimmt. Das bedeutet aber nicht nur eine besonders anschauliche Erklärung der Partikulärlösung, sondern vor allem den Beweis dafür, daß — wenigstens bei diesem Beispiel — die Membrantheorie zu einem Spannungszustand führt, der an jedem Schalenelement außer den Gleichgewichtsbedingungen auch die Verformungsbedingungen befriedigt. Ein Widerspruch kann damit höchstens an den Schalenrändern auftreten, wenn dort die Verschiebungen der Partikularlösung nicht möglich sind. Dieses wichtige Ergebnis wollen wir gleich noch für einen anderen Fall und zwar für den praktisch häufig vorkommenden Fall linear veränderlicher Wandstärke nachprüfen.

8.22 Linear veränderliche Wandstärke Nach Bild 33 sei

$$t = t_0 + \frac{t_0}{e} s .$$

Eine Partikularlösung von (65) ist dann auch hier wieder (66a):

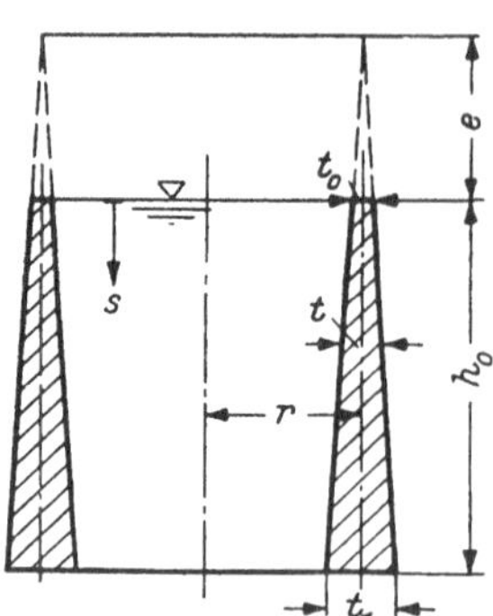

Bild 33. Zylindrischer Behälter mit linear veränderlicher Wandstärke

$$w_P = -\frac{\gamma r^2}{(1-\mu^2) D} s = -\frac{\gamma r^2}{E} \frac{s}{t} ,$$

da $(B w_P'')'' = 0$ wird. Es ist nämlich

$$w_P' = -\frac{\gamma r^2}{E} \frac{t - t' s}{t^2} = -\frac{\gamma r^2}{E} \frac{t_0}{t^2} ,$$

$$w_P'' = \frac{\gamma r^2}{E} \frac{2 t_0}{t^3} \frac{t_0}{e} ,$$

$$B w_P'' = \frac{\gamma r^2 t_0^2}{6 (1-\mu^2) e} . \tag{68}$$

$B w_P''$ ist also konstant und die zweite Ableitung dieses Ausdruckes in der Tat gleich Null. Für u_P' gilt auch hier (66b). Die Schnittgrößen nach (62) sind jetzt unter Berücksichtigung von (68)

$$\left.\begin{aligned} N_{s_P} &= 0 , & N_{\varphi_P} &= \gamma r s , \\ M_{s_P} &= -\frac{\gamma r^2 t_0^2}{6 (1-\mu^2) e} , & M_{\varphi_P} &= -\mu M_{s_P} . \end{aligned}\right\} \tag{69a--d}$$

Dieses Ergebnis ist jedoch von (67) verschieden. Es stimmen zwar die Streckenlängskräfte auch hier mit denen der Membrantheorie überein, die Biegemomente sind aber nicht mehr gleich Null. Der Membranspannungszustand erfüllt also hier *nicht* mehr die Verformungsbedingungen am Schalenelement, so daß das vorhergehende Beispiel konstanter Wandstärke als besonders günstige Ausnahme anzusehen ist. Trotzdem ist der auf diese Weise zutage tretende Mangel der Membrantheorie nicht so bedenklich, wie es zunächst aussieht. Die Biegemomente M_s und M_φ erweisen sich nämlich bei näherer Betrachtung als vernachlässigbar gering.

Um das einzusehen, berechnen wir die Spannungen am unteren Rand des Behälters bei $s = h_0$, $t = t_1$. Nach (58) und (69) ist die Biegespannung infolge M_{s_P} allein

$$\sigma_s (M_{s_P}) = \frac{\gamma r^2 t_0^2}{(1-\mu^2) e t_1^2}$$

und die Spannung infolge N_{φ_P} allein

$$\sigma_\varphi (N_{\varphi_P}) = \frac{\gamma r h_0}{t_1} .$$

Das Verhältnis beider Spannungen ist

$$\frac{\sigma_s (M_{s_P})}{\sigma_\varphi (N_{\varphi_P})} = \frac{r t_0^2}{(1-\mu^2) e t_1^2} \frac{t_1}{h_0} .$$

r ist von derselben Größenordnung wie e und t_0 von derselben Ordnung wie t_1. Die Spannungen verhalten sich daher wie $\frac{t_1}{h_0}$ und das ist unter allen Umständen eine gegen eins kleine Zahl, weil wir sonst überhaupt nicht mehr von einer dünnen Schale reden können.

Ganz ähnlich liegen nun auch die Verhältnisse in anderen Fällen. *Die Verformungsbedingungen am einzelnen Element werden zwar im allgemeinen von der Membrantheorie verletzt; der Fehler ist jedoch vernachlässigbar gering.* (Lediglich bei sehr flachen Schalen, die sich nur noch wenig von einer Platte unterscheiden, muß dieses Ergebnis selbstverständlich ungültig werden.) Damit ist einerseits wieder die Brauchbarkeit der Membrantheorie als Näherung erwiesen, andererseits aber auch umgekehrt für die Biegetheorie eine wichtige Erkenntnis gewonnen: *Wir können das Ergebnis der Membrantheorie stets als Partikularlösung der Gleichungen der Biegetheorie verwenden.* Die Membrantheorie ist also auch in den Fällen, wo an den Schalenrändern Störungen zu erwarten sind, nicht überflüssig, sondern ihre Anwendung eine notwendige Vorarbeit für die Biegetheorie. Der Membranspannungszustand liefert uns in der Tat den Lastspannungszustand am statisch bestimmten Hauptsystem. In der Biegetheorie brauchen wir uns nur noch um die Lösungen der homogenen Gleichungen zu kümmern und die auftretenden Integrationskonstanten so zu bestimmen, daß auch an den Schalenrändern alle Verformungsbedingungen erfüllt sind. Wie das im einzelnen zu geschehen hat, wollen wir am Beispiel des Behälters konstanter Wandstärke näher kennenlernen.

8.3 Allgemeine Lösung für konstante Wandstärke. *8.31 Integration der Differentialgleichung.* Streichen wir in (65) das Belastungsglied, so bleibt bei konstanter Wandstärke die homogene Gleichung

$$B w'''' + (1 - \mu^2) \frac{D}{r^2} w = 0$$

übrig. Zweckmäßig führen wir zur Abkürzung die dimensionslose Größe

$$\varkappa^4 = \frac{1 - \mu^2}{4} \frac{D}{B} r^2 = 3 (1 - \mu^2) \frac{r^2}{t^2} \tag{70}$$

ein und erhalten

$$r^4 w'''' + 4 \varkappa^4 w = 0 . \tag{71}$$

Zur Lösung können wir den Ansatz

$$w_H = K e^{\lambda s}$$

machen, wobei K und λ Konstanten sind und der Index H die Lösung der homogenen Gleichung kennzeichnet. Nach Einführung des Ansatzes in (71) erhalten wir für λ die charakteristische Gleichung

$$r^4 \lambda^4 + 4 \varkappa^4 = 0 .$$

Die vier Wurzeln dieser Gleichung sind

$$r\lambda = \pm\sqrt{\pm\sqrt{-4\varkappa^4}} = \pm\varkappa\sqrt{\pm 2i}$$

oder mit

$$\pm 2i = (i \pm 1)^2,$$

$$\lambda = \pm(i \pm 1)\frac{\varkappa}{r}.$$

Die Lösung lautet dann ausführlich geschrieben

$$\begin{aligned} w_H &= K_1 e^{(i+1)\varkappa\frac{s}{r}} + K_2 e^{(i-1)\varkappa\frac{s}{r}} + K_3 e^{-(i+1)\varkappa\frac{s}{r}} + K_4 e^{-(i-1)\varkappa\frac{s}{r}} \\ &= e^{-\varkappa\frac{s}{r}}\left(K_2 e^{i\varkappa\frac{s}{r}} + K_3 e^{-i\varkappa\frac{s}{r}}\right) + e^{\varkappa\frac{s}{r}}\left(K_1 e^{i\varkappa\frac{s}{r}} + K_4 e^{-i\varkappa\frac{s}{r}}\right). \end{aligned}$$

Aus einem Grunde, der sofort bei Besprechung der Lösung verständlich werden wird, ist es zweckmäßig, in dem mit $e^{\varkappa\frac{s}{r}}$ multiplizierten Ausdruck statt s als neue unabhängige Veränderliche

$$\bar{s} = h_0 - s\,, \tag{72}$$

also den Abstand vom unteren Schalenrand einzuführen. Wir bekommen dann

$$\begin{aligned} w_H = e^{-\varkappa\frac{s}{r}}&\left(K_2 e^{i\varkappa\frac{s}{r}} + K_3 e^{-i\varkappa\frac{s}{r}}\right) + \\ &+ e^{-\varkappa\frac{\bar{s}}{r}} e^{\varkappa\frac{h_0}{r}}\left(K_1 e^{i\varkappa\frac{h_0}{r}} e^{-i\varkappa\frac{\bar{s}}{r}} + K_4 e^{-i\varkappa\frac{h_0}{r}} e^{i\varkappa\frac{\bar{s}}{r}}\right) \end{aligned}$$

und mit Benutzung der Kreisfunktionen

$$\begin{aligned} w_H &= e^{-\varkappa\frac{s}{r}}\left[(K_2 + K_3)\cos\varkappa\frac{s}{r} + i(K_2 - K_3)\sin\varkappa\frac{s}{r}\right] + e^{-\varkappa\frac{\bar{s}}{r}} \\ &\times e^{\varkappa\frac{h_0}{r}}\left[\left(K_1 e^{i\varkappa\frac{h_0}{r}} + K_4 e^{-i\varkappa\frac{h_0}{r}}\right)\cos\varkappa\frac{\bar{s}}{r} + i\left(K_4 e^{-i\varkappa\frac{h_0}{r}} - K_1 e^{i\varkappa\frac{h_0}{r}}\right)\sin\varkappa\frac{\bar{s}}{r}\right]. \end{aligned}$$

Statt dessen können wir schließlich nach Einführung neuer Integrationskonstanten C_1, C_2, $\bar{C}_1$, $\bar{C}_2$ schreiben:

$$w_H = e^{-\varkappa\frac{s}{r}}\left(C_1\cos\varkappa\frac{s}{r} + C_2\sin\varkappa\frac{s}{r}\right) + e^{-\varkappa\frac{\bar{s}}{r}}\left(\bar{C}_1\cos\varkappa\frac{\bar{s}}{r} + \bar{C}_2\sin\varkappa\frac{\bar{s}}{r}\right). \tag{73}$$

Die allgemeine Lösung der vollständigen Gleichung (65) für konstante Wandstärke erhalten wir als Summe der Lösungen (66a) und (73) zu

$$w = w_P + w_H\,. \tag{74}$$

8.32 Allgemeine Schlußfolgerungen. Ohne auf besondere Randbedingungen einzugehen, können wir aus Gleichung (73) schon eine allgemein gültige Aussage über das Verhalten der Lösung der homogenen Gleichung gewinnen. Die Beziehung (73) besteht aus zwei verschiedenen Anteilen, die beide gedämpfte Schwingungen in der Art von Bild 34 darstellen, und von denen die eine vom oberen, die andere vom unteren Schalenrand aus abklingt. Der Zeit beim Schwingungsvorgang entsprechen hier die Koordinaten s und $\bar{s}$.

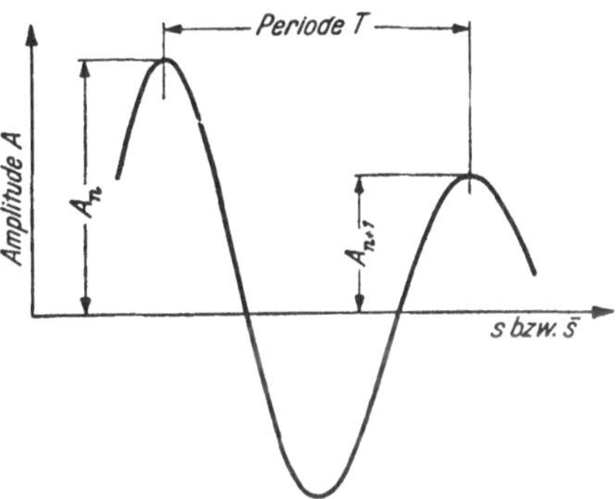

Bild 34. Gedämpfter Schwingungsvorgang

Wesentlich ist nun für das folgende einerseits die Periode der Schwingungen, also hier der Abschnitt auf der s- bzw. $\bar{s}$-Achse, über den sich eine Schwingung erstreckt, andererseits die Größe der Dämpfung. Die Periode, die wir mit T bezeichnen wollen, folgt nach (73) aus der Bedingung $\frac{\varkappa T}{r} = 2\pi$ zu

$$T = \frac{2\pi}{\varkappa} r . \tag{75}$$

Die Dämpfung kennzeichnen wir am besten durch das Verhältnis zweier aufeinanderfolgender, um eine volle Periode getrennter Ausschläge, die nach Bild 34 mit A_n und A_{n+1} bezeichnet seien. Nach (73) ist

$$\frac{A_n}{A_{n+1}} = \frac{e^{-\varkappa \frac{s}{r}}}{e^{-\varkappa \frac{s+T}{r}}} = e^{\frac{\varkappa T}{r}} ,$$

$$\frac{A_n}{A_{n+1}} = e^{2\pi} . \tag{76}$$

$\frac{\varkappa T}{r} = 2\pi$ ist dabei das sog. logarithmische Dämpfungsdekrement.

An (76) ist besonders bemerkenswert, daß die Dämpfung unabhängig von irgendwelchen Abmessungen der Schale ist, so daß das Verhältnis zweier aufeinanderfolgender Amplituden ein für allemal den festen Wert $e^{2\pi} = 535{,}5$ hat. Dieser Wert ist sehr groß, die Schwingung also außerordentlich stark gedämpft. Eine anschauliche Vorstellung davon vermittelt Bild 35, in dem die Lösung im richtigen Maßstab dargestellt ist. Nach Ablauf einer

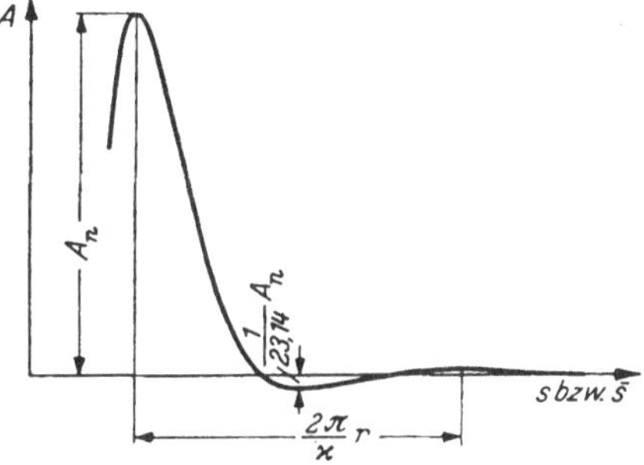

Bild 35. Maßstäbliche Darstellung des Abklingens der Lösungen der homogenen Gleichung

Periode ist ein Ausschlag im Vergleich zum Ausgangswert so klein geworden, daß er sich in dem gewählten Maßstab nicht mehr darstellen läßt. Der nach einer halben Periode sich einstellende Ausschlag ist auch nur das $e^{-\pi} = \frac{1}{23{,}14}$-fache des vorhergehenden Wertes, also ebenfalls schon recht klein.

Die praktische Bedeutung dieses Abklingens ergibt sich, wenn wir die Größe der Periode nach (75) abschätzen. $\varkappa$ ist nach (70) eine Zahl von der Größenordnung $\sqrt{\frac{r}{t}}$, also auf jeden Fall merklich größer als eins, wenn überhaupt die Berechtigung bestehen soll, von einer „dünnen“ Schale zu sprechen. $\frac{2\pi}{\varkappa}$ wird folglich kleiner als eins sein, so daß eine Periode sich über einen Abschnitt erstreckt, der nur einen Teil des Halbmessers r ausmacht. Beginnt also am oberen oder unteren Rand die Lösung der homogenen Gleichung mit irgendwelchen Werten, so sind diese bereits nach einem verhältnismäßig kleinen Abstand vom Rand praktisch bedeutungslos, und die Membrantheorie ist wieder gültig. Da sich ein ganz ähnliches Verhalten auch bei allen anderen Schalenformen im allgemeinen zeigt, folgt daraus ein neuer wichtiger Beweis für die weitreichende Brauchbarkeit der Membrantheorie: *Störungen des Membranspannungszustandes, die bei Verletzung der Verformungsbedingungen an den Rändern der Schalen bzw. Schalenteile auftreten, beschränken sich in der Regel auf einen schmalen Bereich.*

Es ist damit in vielen Fällen möglich, mit der Membrantheorie auszukommen, auch wenn von ihr offensichtlich die Verformungsbedingungen nicht erfüllt werden. Man kann sich dann in den Randgebieten mit einem durch Erfahrung festgelegten Zuschlag zu der Wandstärke begnügen, die nach der Membrantheorie allein erforderlich wäre. Außerdem erlaubt aber weiterhin das Verhalten der Lösung der homogenen Gleichung gewisse Vereinfachungen bei ihrer Berechnung vorzunehmen. Von einer solchen Möglichkeit können wir schon Gebrauch machen, wenn wir jetzt die Ermittlung der Randstörung für ein bestimmtes Beispiel durchführen.

8.33 Unten eingespannter, oben freier Stahlbehälter. Es sei angenommen, daß der Behälter nach Bild 36, bei dem es sich um einen Stahlbehälter handeln möge, am unteren Rand fest eingespannt ist — etwa durch einen besonders kräftigen Auflagerring —, am oberen Rand jedoch völlig frei verschieblich ist. Diese Randbedingungen verlangen, daß am unteren Rand die Verschiebung w und ihre Ableitung zu Null werden müssen. Der obere Rand muß momenten- und kräftefrei sein; es müssen also dort M_s und Q_s verschwinden, was nach (62c) und (62e) bei kontanter Wandstärke das Verschwinden von w'' und w''' bedeutet. Wir bekommen also, wenn wir beachten, daß nach (72) $w' = -\frac{dw}{ds}$ ist,

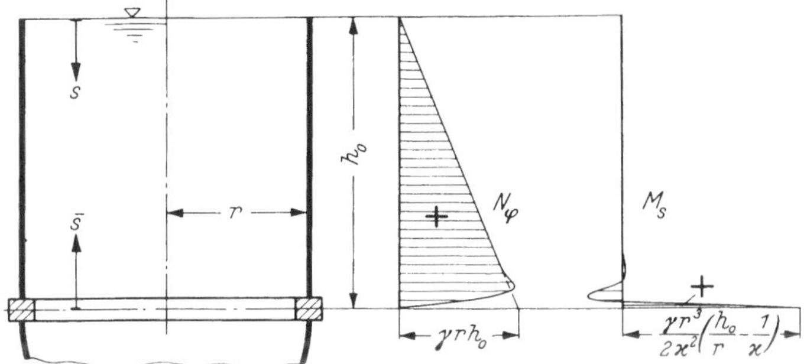

Bild 36. Zylindrischer Behälter konstanter Wandstärke bei Flüssigkeitsdruck, $h_0 = 2r$, $\varkappa = 20$

$$\left.\begin{aligned} \bar{s} = 0: \quad w = 0, \quad \frac{\mathrm{d}w}{\mathrm{d}\bar{s}} = 0, \\ s = 0: w'' = 0, \quad w''' = 0. \end{aligned}\right\} \tag{77a—d}$$

Betrachten wir zunächst die erste Bedingung $\bar{s} = 0$, $w = 0$, so wird daraus nach (74), (66a) und (73)

$$w_{\bar{s}=0} = -\frac{\gamma r^2}{(1-\mu^2) D} h_0 + \mathrm{e}^{-\varkappa \frac{h_0}{r}} \left(C_1 \cos \varkappa \frac{h_0}{r} + C_2 \sin \varkappa \frac{h_0}{r}\right) + \bar{C}_1 = 0 .$$

Der mit $\mathrm{e}^{-\varkappa \frac{h_0}{r}}$ multiplizierte Ausdruck ist dabei der am unteren Rand noch übrig gebliebene Rest der vom oberen Rand ausgehenden Störung. Er muß also nach den oben angestellten Betrachtungen wegen des starken Abklingens außerordentlich klein sein, so daß wir ihn vernachlässigen können. Es bleibt dann eine Bedingung übrig, aus der wir sofort $\bar{C}_1$ zu

$$\bar{C}_1 = \frac{\gamma r^2 h_0}{(1-\mu^2) D} \tag{78a}$$

erhalten.

Genau so können wir auch bei Benutzung der übrigen Randbedingungen stets die Hälfte der Integrationskonstanten vernachlässigen. Wir bekommen so, wobei gleichzeitig die Zweckmäßigkeit der Einführung der Koordinate $\bar{s}$ zutage tritt,

$$\frac{\mathrm{d}w}{\mathrm{d}\bar{s}} = \frac{\gamma r^2}{(1-\mu^2) D} - \frac{\varkappa}{r} \mathrm{e}^{-\varkappa \frac{\bar{s}}{r}} \left[(\bar{C}_1 - \bar{C}_2) \cos \varkappa \frac{\bar{s}}{r} + (\bar{C}_1 + \bar{C}_2) \sin \varkappa \frac{\bar{s}}{r}\right] + \cdots,$$

$$w'' = -2 \frac{\varkappa^2}{r^2} \mathrm{e}^{-\varkappa \frac{s}{r}} \left(C_2 \cos \varkappa \frac{s}{r} - C_1 \sin \varkappa \frac{s}{r}\right) + \cdots,$$

$$w''' = 2 \frac{\varkappa^3}{r^3} \mathrm{e}^{-\varkappa \frac{s}{r}} \left[(C_1 + C_2) \cos \varkappa \frac{s}{r} - (C_1 - C_2) \sin \varkappa \frac{s}{r}\right] + \cdots$$

und daraus nach (77b) und (78a)

$$\bar{C}_2 = \frac{\gamma r^3}{(1-\mu^2) D} \left(\frac{h_0}{r} - \frac{1}{\varkappa}\right) \tag{78b}$$

und nach (77c, d)

$$C_1 = 0\,, \quad C_2 = 0\,. \tag{78c, d}$$

Die vom oberen Rand ausgehende Störung des Membranspannungszustandes ist also verständlicherweise gleich Null.

Mit den berechneten Werten der Integrationskonstanten bekommen wir für die endgültige Lösung

$$w = -\frac{\gamma r^3}{(1-\mu^2) D}\left\{\frac{s}{r} - e^{-\varkappa\frac{\bar{s}}{r}}\left[\frac{h_0}{r}\cos\varkappa\frac{\bar{s}}{r} + \left(\frac{h_0}{r} - \frac{1}{\varkappa}\right)\sin\varkappa\frac{\bar{s}}{r}\right]\right\}. \tag{79}$$

Die sich danach für die Schnittgrößen ergebenden Formeln seien ebenfalls noch einmal ausführlich angeschrieben. Es war nach Voraussetzung

$$N_s = 0\,. \tag{80a}$$

Damit wird nach (62a) $u' = \mu\frac{w}{r}$ und nach (62b)

$$N_\varphi = -(1-\mu^2) D\frac{w}{r}\,,$$

$$N_\varphi = \gamma r^2\left\{\frac{s}{r} - e^{-\varkappa\frac{\bar{s}}{r}}\left[\frac{h_0}{r}\cos\varkappa\frac{\bar{s}}{r} + \left(\frac{h_0}{r} - \frac{1}{\varkappa}\right)\sin\varkappa\frac{\bar{s}}{r}\right]\right\}. \tag{80b}$$

Nach (62c) ist

$$M_s = -B w''\,,$$

$$M_s = \frac{\gamma r^3}{2\varkappa^2} e^{-\varkappa\frac{\bar{s}}{r}}\left[\left(\frac{h_0}{r} - \frac{1}{\varkappa}\right)\cos\varkappa\frac{\bar{s}}{r} - \frac{h_0}{r}\sin\varkappa\frac{\bar{s}}{r}\right], \tag{80c}$$

wobei nach (70) das Verhältnis $\frac{B}{D} = \frac{1-\mu^2}{4}\,\frac{r^2}{\varkappa^4}$ gesetzt ist. Nach (62d) ist

$$M_\varphi = -\mu M_s \tag{80d}$$

und schließlich nach (45c)

$$Q_s = M_s'\,,$$

$$Q_s = \frac{\gamma r^2}{2\varkappa^2} e^{-\varkappa\frac{\bar{s}}{r}}\left[\left(2\varkappa\frac{h_0}{r} - 1\right)\cos\varkappa\frac{\bar{s}}{r} - \sin\varkappa\frac{\bar{s}}{r}\right]. \tag{80e}$$

Der wichtigste Teil des Ergebnisses dieser Rechnung ist in Bild 36 für $\frac{h_0}{r} = 2$ und die bei einem Stahlbehälter etwa in Frage kommenden Werte $\varkappa = 20$, $\mu = 0{,}3$ dargestellt. Am unteren Behälterrand wird die Streckenlängskraft N_φ wegen der behinderten Querdehnung gleich Null; dafür treten aber Biegemomente M_s, M_φ und Querkräfte Q_s auf. Das typische Verhalten der Größen der Biegetheorie zeigt sich sehr ausgeprägt: Nach einem Abstand von etwa 0,1 h_0 ist praktisch die Membrantheorie wieder gültig.

Daß die Biegebeanspruchung tatsächlich ungünstiger ist als der Membranspannungszustand, zeigt folgende Betrachtung. Nach der Membrantheorie wäre die größte Spannung am unteren Rande

$$\max \sigma_\varphi = \frac{1}{t} \max N_\varphi = \frac{1}{t} \gamma\, r\, h_0 .$$

Nach der Biegetheorie erreicht σ_s für $z = t/2$ den größten Wert

$$\max \sigma_s = \frac{6}{t^2} \max M_s .$$

Setzen wir für M_s nach (80c) den bei $\bar{s} = 0$ gültigen Wert ein, so erhalten wir

$$\max \sigma_s = 3 \frac{\gamma\, r^3}{t^2 \varkappa^2} \left(\frac{h_0}{r} - \frac{1}{\varkappa} \right)$$

oder, wenn wir nach (70) $\varkappa^2 = \frac{r}{t} \sqrt{3\,(1-\mu^2)}$ setzen,

$$\max \sigma_s = \frac{1}{t} \gamma\, r\, h_0 \left(1 - \frac{r}{\varkappa\, h_0} \right) \sqrt{\frac{3}{1-\mu^2}} .$$

Vernachlässigen wir $\frac{r}{h_0 \varkappa}$ und ebenso μ^2 gegen eins, so nimmt $\max \sigma_s$ den $\sqrt{3}$-fachen Betrag des größten Wertes der Membrantheorie an.

8.34 Stahlbetonbehälter. In Kapitel 8.22 haben wir an einem Beispiel gesehen, daß die Verletzung der Verformungsbedingungen am Schalenelement durch den Membranspannungszustand vernachlässigt werden darf. Diese Schlußfolgerung kann als stets gültig angesehen werden, sofern sehr flache Schalen, die sich plattenähnlich verhalten, ausgeschlossen werden. Anders verhält es sich jedoch mit der im vorigen Kapitel festgestellten Belanglosigkeit der Randstörungen. Diese beschränken sich zwar sehr häufig auf einen kleinen Teil der gesamten Schale, man muß jedoch mit ihrer Vernachlässigung vorsichtig sein. Wenn mehrere ungünstige Umstände zusammenwirken, kann es durchaus vorkommen, daß das Spannungsbild einer Schale völlig von den Spannungen der Biegetheorie beherrscht wird.

Ein einfaches Beispiel hierzu bekommen wir schon, wenn wir genau wie vorher auch einen am unteren Rand eingespannten, am oberen Rand freien Behälter betrachten, der jedoch jetzt einen im Vergleich zur Höhe großen Durchmesser und außerdem eine verhältnismäßig dicke Wandung hat, wie es etwa bei einem Stahlbetonbehälter wegen der erforderlichen Dichtigkeit der Fall sein wird. Wir wollen dementsprechend $\frac{h_0}{r} = 1, \varkappa = 5$ wählen. Wir erhalten dann nach den Formeln (80) den in Bild 37 dargestellten Kräfteverlauf in der Schale, der zweifellos vom Membranspannungszustand vollkommen verschieden ist. Selbstverständlich ist aber auch in solchen Fällen — wie schon früher betont wurde — die Membrantheorie nicht überflüssig, sondern zur Gewinnung der Partikularlösung immer noch erforderlich.

Das Beispiel von Bild 37 gibt außerdem Veranlassung, darauf hinzuweisen, daß bei Behältern, deren Höhe noch kleiner als der Radius ist,

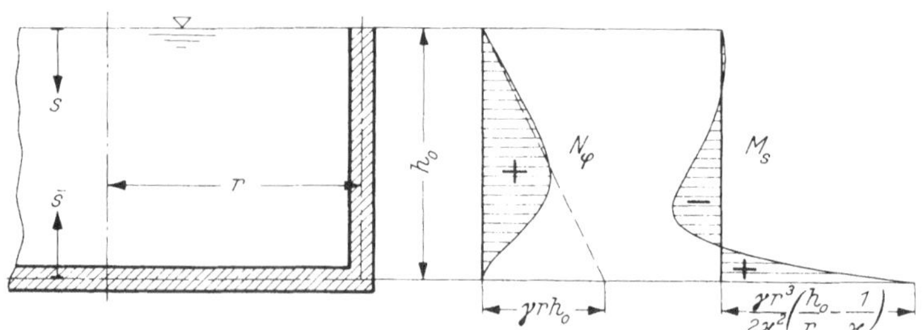

Bild 37. Zylindrischer Behälter konstanter Wandstärke bei Flüssigkeitsdruck, $h_0 = r$, $\varkappa = 5$

auch die gegenseitige Beeinflussung des oberen und unteren Randes eine Rolle zu spielen beginnt. In den Randbedingungen müssen dann alle Integrationskonstanten berücksichtigt werden.

8.4 Verletzung der Gleichgewichtsbedingungen durch die Membrantheorie. Nachdem wir die Bedeutung der Biegetheorie für die Fälle kennengelernt haben, in denen sie zur Erfüllung der *Verformungs*bedingungen notwendig ist, fehlt noch als letztes eine Untersuchung über die Rolle, welche die Biegetheorie spielt, wenn vom Membranspannungszustand die *Gleichgewichts*bedingungen verletzt werden.

Als Beispiel hierzu sei der in Bild 38 skizzierte zylindrische, mit Flüssigkeit gefüllte Kübel konstanter Wandstärke betrachtet, der an seinem oberen Rand an Seilen aufgehängt ist. Die Angriffspunkte der Seile mögen in gleichmäßigen und so geringen Abständen auf dem Behälter-

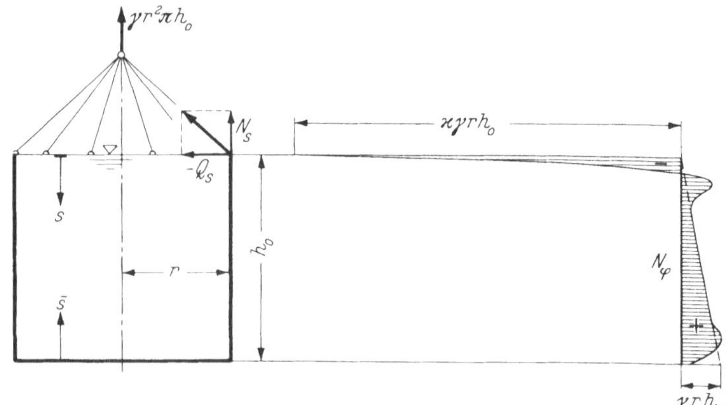

Bild 38. Am oberen Rand aufgehängter zylindrischer Behälter bei Flüssigkeitsdruck, $h_0 = 2r$ $\varkappa = 10$

umfang verteilt sein, daß es berechtigt ist, statt der einzelnen Seilkräfte stetig verteilte Streckenkräfte N_s anzunehmen, die aus Gleichgewichtsgründen die für die ganze Kübelwandung konstante Größe

$$N_s = \frac{\gamma r^2 \pi h_0}{2 r \pi} = \frac{1}{2} \gamma r h_0 \tag{81}$$

haben müssen. Die Seile mögen mit der Senkrechten einen Winkel von 45° bilden, so daß am oberen Kübelrand nach innen gerichtete Horizontalkomponenten der Seilkräfte auftreten, die dieselbe Größe wie die Vertikalkomponenten haben. Würden wir am oberen Rand einen Ring anordnen, der kräftig genug ist, um die Druckbeanspruchung aufnehmen zu können, so würden die Gleichgewichtsbedingungen der Membrantheorie erfüllt werden können. Hier wollen wir jedoch annehmen, daß ein solcher Ring nicht vorhanden ist und infolgedessen die Querkräfte

$$Q_{s_{s=0}} = -\tfrac{1}{2} \gamma r h_0 \tag{82}$$

in die Schale eingeleitet werden müssen. Daß das negative Vorzeichen zu setzen ist, ergibt sich aus der als positiv eingeführten Richtung der Querkräfte nach Bild 30b. Außer den Forderungen (81) und (82) werden wir als letzte Randbedingung am oberen Rand noch das Verschwinden des Momentes M_s verlangen müssen. Am unteren Rand wollen wir voraussetzen, daß durch den Kübelboden eine Radialverschiebung der zylindrischen Wandung praktisch verhindert wird, so daß wir dort $w = 0$ setzen können. Der den Boden und die Wandung verbindende Ring sei jedoch so schwach, daß eine nennenswerte Einspannung nicht auftritt. Wir wollen also auch am unteren Rand $M_s = 0$ fordern, wobei diese Annahme weniger den wirklichen Verhältnissen, als einem leicht zu rechnenden Grenzfall entspricht.

Zur Lösung unserer Aufgabe müssen wir auf die Differentialgleichung (64b) zurückgreifen und dort

$$p_z = -\gamma s\,, \quad N_s = \tfrac{1}{2} \gamma r h_0$$

setzen. Bei konstanter Wandstärke wird dann

$$B w'''' + (1-\mu^2) \frac{D}{r^2} w + \gamma \left(s - \frac{\mu}{2} h_0\right) = 0\,.$$

Die allgemeine Lösung dieser Gleichung lautet

$$\left.\begin{aligned} w = -\frac{\gamma r^2}{(1-\mu^2) D}\left(s - \frac{\mu}{2} h_0\right) + e^{-\varkappa \frac{s}{r}} \left(C_1 \cos \varkappa \frac{s}{r} + C_2 \sin \varkappa \frac{s}{r}\right) + \\ + e^{-\varkappa \frac{\bar{s}}{r}} \left(\bar{C}_1 \cos \varkappa \frac{\bar{s}}{r} + \bar{C}_2 \sin \varkappa \frac{\bar{s}}{r}\right), \end{aligned}\right\} \tag{83}$$

wobei nur die Partikularlösung neu ist, deren Richtigkeit man leicht bestätigt.

Bei Bestimmung der Integrationskonstanten können wir wieder die gegenseitige Beeinflussung der Größen C_1 und C_2 einerseits und $\bar{C}_1$, $\bar{C}_2$ andererseits außer acht lassen. Am oberen Rand muß wegen $M_s = 0$ auch $w'' = 0$ sein, woraus $C_2 = 0$ folgt. Für die Querkraft am oberen Rand erhalten wir mit Benutzung von (62e) und (82)

$$\begin{aligned} Q_s &= -B\,w''' \\ &= -2B\frac{\varkappa^3}{r^3}\,e^{-\varkappa\frac{s}{r}}\,C_1\left(\cos\varkappa\frac{s}{r} - \sin\varkappa\frac{s}{r}\right) + \cdots, \\ Q_{s,s=0} &= -\frac{1}{2}\gamma\,r\,h_0 = -2B\frac{\varkappa^3}{r^3}\,C_1, \\ C_1 &= \frac{\gamma\,h_0\,r^4}{4B\varkappa^3} = \frac{\gamma\,r^2\,h_0\,\varkappa}{(1-\mu^2)\,D}, \end{aligned}$$

wobei B nach (70) durch D ausgedrückt ist. Am unteren Rand bekommen wir ganz entsprechend aus der Bedingung, daß auch dort $M_s = 0$ sein soll, $\bar{C}_2 = 0$. Für $\bar{C}_1$ erhalten wir

$$\begin{aligned} w_{\bar{s}=0} &= -\frac{\gamma\,r^2}{(1-\mu^2)\,D}\left(h_0 - \frac{\mu}{2}h_0\right) + \bar{C}_1 = 0, \\ \bar{C}_1 &= \frac{1-\dfrac{\mu}{2}}{1-\mu^2}\,\frac{\gamma\,r^2\,h_0}{D}. \end{aligned}$$

Die Lösung des Problems lautet damit

$$\left.\begin{aligned} w &= -\frac{\gamma\,r^3}{(1-\mu^2)\,D}\left[\frac{s}{r} - \frac{\mu\,h_0}{2\,r} - \varkappa\frac{h_0}{r}\,e^{-\varkappa\frac{s}{r}}\cos\varkappa\frac{s}{r} - \right. \\ &\qquad\qquad \left. -\left(1-\frac{\mu}{2}\right)\frac{h_0}{r}\,e^{-\varkappa\frac{\bar{s}}{r}}\cos\varkappa\frac{\bar{s}}{r}\right], \\ N_\varphi &= \gamma\,r^2\left[\frac{s}{r} - \varkappa\frac{h_0}{r}\,e^{-\varkappa\frac{s}{r}}\cos\varkappa\frac{s}{r} - \left(1-\frac{\mu}{2}\right)\frac{h_0}{r}\,e^{-\varkappa\frac{\bar{s}}{r}}\cos\varkappa\frac{\bar{s}}{r}\right], \\ M_s &= -\frac{\gamma\,r^2\,h_0}{2\varkappa^2}\left[\varkappa\,e^{-\varkappa\frac{s}{r}}\sin\varkappa\frac{s}{r} + \left(1-\frac{\mu}{2}\right)e^{-\varkappa\frac{\bar{s}}{r}}\sin\varkappa\frac{\bar{s}}{r}\right], \\ M_\varphi &= -\mu\,M_s, \\ Q_s &= \frac{\gamma\,r\,h_0}{2\varkappa}\left[\varkappa\,e^{-\varkappa\frac{s}{r}}\left(\sin\varkappa\frac{s}{r} - \cos\varkappa\frac{s}{r}\right) - \right. \\ &\qquad \left. -\left(1-\frac{\mu}{2}\right)e^{-\varkappa\frac{\bar{s}}{r}}\left(\sin\varkappa\frac{\bar{s}}{r} - \cos\varkappa\frac{\bar{s}}{r}\right)\right]. \end{aligned}\right\} \quad (84\text{a–e})$$

In Bild 38 ist der Verlauf der Längskräfte N_φ dargestellt, aus dem das wesentliche Ergebnis der Formeln (84) schon hervorgeht. Die Störung des Membranspannungszustandes am unteren Rand infolge der dort behinderten Radialverschiebung fällt ganz ähnlich aus, wie wir es beim unten eingespannten Behälter bereits kennengelernt haben. Am oberen Rand treten negative Streckenkräfte N_φ auf, was erklärlich ist, da ein Teil der Behälterwandung die Stelle des fehlenden Druckringes vertreten muß. Wichtig ist aber vor allem die Größe der Störung am oberen Rand. Die Spannungen überwiegen hier die des unteren Randes ganz erheblich. Nach (84b) ist

$$N_{\varphi_{s=0}} = -\varkappa \gamma r h_0 ,$$

und das ist das $\varkappa$-fache des größten Wertes der Membrantheorie. Je größer $\varkappa$ ist, d. h. je stärker die Schwingungen des Spannungsverlaufes gedämpft sind, desto kleiner ist der Bereich der Schale, der als Druckring wirkt, und desto größer werden die auftretenden Spannungen. Ein starkes Abklingen der Störung wirkt sich also hier gerade ungünstig aus. Ganz ähnlich liegen die Verhältnisse bei den Biegemomenten. Nach (84c) treten in der Nähe beider Ränder Momente auf, die mit derselben Dämpfung abklingen. Ihre Größenordnung ist jedoch wieder verschieden. Die vom oberen Rand ausgehende Störung ist um den Faktor $\dfrac{\varkappa}{1-\dfrac{\mu}{2}}$ größer als die vom unteren Rand ausgehende.

Das Ergebnis unserer Betrachtung lautet nun: *Werden die Gleichgewichtsbedingungen vom Membranspannungszustand nicht erfüllt, so treten Störungen dieses Zustandes auf, die im allgemeinen ganz erheblich größer sind als diejenigen, die sich bei Verletzung der Verformungsbedingungen einstellen.* Die Nichterfüllung der Gleichgewichtsbedingungen muß danach unter allen Umständen durch eine geeignete Konstruktion vermieden werden. Die Zug- oder Druckringe in den Beispielen von Bild 18, 20 und 26 sind also zur Erzielung einer günstigen Spannungsverteilung dringend erforderlich und werden nicht etwa nur deswegen angebracht, um den Spannungsverlauf mit der einfachen Membrantheorie berechnen zu können.

9 Näherungslösung für beliebige Rotationsschalen

9.1 Allgemeine Theorie. Es sei jetzt das Biegeproblem für eine beliebige drehsymmetrisch belastete Rotationsschale behandelt. Nach den an der Zylinderschale gewonnenen Ergebnissen kann der Membranspannungszustand stets als Partikularlösung benutzt werden. Damit sind die Schnittgrößen $N_{\vartheta P}$, $N_{\varphi P}$ bekannt; $M_{\vartheta P}$, $M_{\varphi P}$ und $Q_{\vartheta P}$ sind gleich Null. Die zugehörigen Verformungen $\varepsilon_{\vartheta P}$, $\varepsilon_{\varphi P}$ und χ_P können wir aus den Gleichungen (57a, b) und (50) leicht berechnen:

$$\varepsilon_{\vartheta_P} = \frac{1}{(1-\mu^2)\,D}\,(N_\vartheta - \mu\,N_\varphi)\,,\quad \varepsilon_{\varphi_P} = \frac{1}{(1-\mu^2)\,D}\,(N_\varphi - \mu\,N_\vartheta)\,,\quad (85\text{a, b})$$

$$\chi_P = (\varepsilon_{\vartheta P} - \varepsilon_{\varphi P})\cot\vartheta - \frac{r_\varphi}{r_\vartheta}\,\frac{\mathrm{d}\,\varepsilon_{\varphi P}}{\mathrm{d}\vartheta}\,. \qquad (86)$$

Die weitere Aufgabe besteht also nur noch in der Lösung des homogenen Problems, bei dem die Schale lediglich an ihren Rändern durch Schnittkräfte und -momente belastet ist.

Setzen wir dementsprechend $p_x = p_z = 0$, so können wir die Gleichgewichtsbedingungen (43a, b) erheblich vereinfachen. Wenn wir die Schnittgrößen des homogenen Problems wieder durch den Index H kennzeichnen, erhalten wir aus (43a, b) nach Elimination von N_{φ_H}

$$\frac{\mathrm{d}}{\mathrm{d}\vartheta}(N_{\vartheta_H}\,r_\varphi\sin\vartheta) + N_{\vartheta_H}\,r_\varphi\cos\vartheta + \frac{\mathrm{d}}{\mathrm{d}\vartheta}(Q_{\vartheta_H}\,r_\varphi\sin\vartheta)\cot\vartheta - Q_{\vartheta_H}\,r_\varphi\sin\vartheta = 0$$

oder auch nach Zusammenfassung der ersten beiden und der letzten beiden Glieder

$$\frac{1}{\sin\vartheta}\,\frac{\mathrm{d}}{\mathrm{d}\vartheta}\,(N_{\vartheta_H}\,r_\varphi\sin^2\vartheta) + \frac{1}{\sin\vartheta}\,\frac{\mathrm{d}}{\mathrm{d}\vartheta}\,(Q_{\vartheta_H}\,r_\varphi\sin\vartheta\cos\vartheta) = 0\,.$$

Durch Integration bekommen wir mit einer Integrationskonstanten C

$$N_{\vartheta_H} = -\,Q_{\vartheta_H}\cot\vartheta + \frac{C}{r_\varphi\sin^2\vartheta}\,.$$

Nach den Ausführungen von Abschnitt 4.62 über die Kegelschale erkennt man, daß hier das Glied $\frac{C}{r_\varphi\sin^2\vartheta}$ die Membranlösung für eine im Scheitel der allgemeinen Rotationsschale angreifende Einzellast darstellt. Gegebenenfalls werden wir diesen Anteil mit zur Partikularlösung nehmen und können dementsprechend hier $C = 0$ setzen. Also wird

$$N_{\vartheta_H} = -\,Q_{\vartheta_H}\cot\vartheta. \qquad (87\text{a})$$

Mit (87a) (und $p_z = 0$) wird aus (43b)

$$-\,Q_{\vartheta_H}\,r_\varphi\cos\vartheta + N_{\varphi_H}\,r_\vartheta\sin\vartheta + \frac{\mathrm{d}}{\mathrm{d}\vartheta}\,(Q_{\vartheta_H}\,r_\varphi\sin\vartheta) = 0$$

oder, da

$$\frac{\mathrm{d}}{\mathrm{d}\vartheta}\,(Q_{\vartheta_H}\,r_\varphi\sin\vartheta) = \frac{\mathrm{d}}{\mathrm{d}\vartheta}\,(Q_{\vartheta_H}\,r_\varphi)\sin\vartheta + Q_{\vartheta_H}\,r_\varphi\cos\vartheta$$

ist,

$$N_{\varphi_H} = -\frac{1}{r_\vartheta}\,\frac{\mathrm{d}}{\mathrm{d}\vartheta}\,(Q_{\vartheta_H}\,r_\varphi)\,. \qquad (87\text{b})$$

Die so gewonnenen Beziehungen (87a, b) sind in der Tat wesentlich einfacher als (43a, b).

Das Randstörungsproblem ist nunmehr auf die Lösung der Gleichungen (87), (43c), (50) und (57) zurückgeführt, wobei in allen Gleichungen der Index H an die Schnitt- und Verformungsgrößen zu setzen ist. Zur Lösung können wir so vorgehen, daß wir die Streckenbiegemomente nach (57c, d) in (43c) einführen und damit die Streckenquerkraft Q_{ϑ_H} durch χ_H ausdrücken. Nach (87) lassen sich dann auch N_{ϑ_H} und N_{φ_H} und nach (57a, b) $\varepsilon_{\vartheta_H}$ und ε_{φ_H} als Funktionen von χ_H darstellen. Setzen wir schließlich die Dehnungen in (50) ein, so erhalten wir eine Differentialgleichung für χ_H. Je nach Schalenform und Wandstärkenverlauf hat diese Differentialgleichung unterschiedliche Gestalt; ihre Integration ist aber in fast allen Fällen erheblich schwieriger als bei der Kreiszylinderschale. Andererseits zeigt das Ergebnis der Rechnung immer wieder eine auffallende Übereinstimmung mit dem bei der Zylinderschale gewonnenen Resultat: Es ergibt sich stets ein Abklingen der Randstörungen in Form gedämpfter Schwingungen. Hierdurch wird es nahegelegt, ein Näherungsverfahren dadurch aufzubauen, daß man schon bei der Aufstellung der Differentialgleichung das zu erwartende Ergebnis zur Vereinfachung benutzt. Bei der Differentiation einer gedämpften Schwingung mit großem Dämpfungsfaktor ist immer die Ableitung hinsichtlich ihrer Größenordnung um den Dämpfungsfaktor größer als die Schwingung selbst. Wir können uns also überall dort, wo im Laufe der Rechnung Schnitt- und Verformungsgrößen und deren Ableitungen nebeneinander stehen, auf die Glieder mit der höchsten Ableitung beschränken. Wir erhalten so ein Näherungsverfahren, das im normalen Parameterbereich völlig ausreicht und dabei viel einfacher als die exakte Rechnung ist[1].

Der einzige Nachteil der Methode besteht darin, daß sie nicht im ganzen Parameterbereich gültig ist. Die in dieser Hinsicht notwendige Einschränkung ergibt sich schon, wenn wir Gleichung (50) in der angegebenen Weise zu vereinfachen suchen. Wenn wir dort ε_ϑ und ε_φ vernachlässigen wollen, so müssen wir beachten, daß diese Glieder mit $\cot\vartheta$ multipliziert erscheinen. Eine Streichung ist also nur dann erlaubt und damit das ganze Verfahren nur dann brauchbar, wenn ϑ nicht zu klein ist. Zahlenrechnungen zeigen, daß die Brauchbarkeit der Methode etwa zwischen $\vartheta = 20°$ und $\vartheta = 30°$ strittig zu werden beginnt[2].

Mit dieser Einschränkung gilt jedoch näherungsweise

$$\chi_H = -\frac{r_\varphi}{r_\vartheta}\frac{\mathrm{d}\varepsilon_{\varphi_H}}{\mathrm{d}\vartheta}. \tag{88}$$

[1] Nach J. W. GECKELER: Handb. Physik 6, 247 (Berlin 1928).

[2] Vgl. WITTNEBEN/STENERSEN, Mitt. 9, Inst. f. Massivbau, TH Darmstadt 1965.

Nach (85), (87b) und (87a) ist

$$\varepsilon_{\varphi_H} = \frac{1}{(1-\mu^2)\,D}\,(N_{\varphi_H} - \mu\, N_{\vartheta_H}) \tag{89}$$

$$= -\frac{1}{(1-\mu^2)\,D}\left(\frac{r_\varphi}{r_\vartheta}\,\frac{\mathrm{d}Q_{\vartheta_H}}{\mathrm{d}\vartheta} + \frac{Q_{\vartheta_H}}{r_\vartheta}\,\frac{\mathrm{d}r_\varphi}{\mathrm{d}\vartheta} - \mu\, Q_{\vartheta_H}\cot\vartheta\right)$$

und angenähert

$$\varepsilon_{\varphi_H} = -\frac{1}{(1-\mu^2)\,D}\,\frac{r_\varphi}{r_\vartheta}\,\frac{\mathrm{d}Q_{\vartheta_H}}{\mathrm{d}\vartheta}\,. \tag{90}$$

Aus (43c) wird

$$Q_{\vartheta_H}\, r_\vartheta\, r_\varphi \sin\vartheta = \frac{\mathrm{d}M_{\vartheta_H}}{\mathrm{d}\vartheta}\, r_\varphi \sin\vartheta + M_{\vartheta_H}\,\frac{\mathrm{d}}{\mathrm{d}\vartheta}\,(r_\varphi \sin\vartheta) + M_{\varphi_H}\, r_\vartheta \cos\vartheta\,,$$

$$Q_{\vartheta_H} = \frac{1}{r_\vartheta}\,\frac{\mathrm{d}M_{\vartheta_H}}{\mathrm{d}\vartheta}\,.$$

Nach (57c) ergibt sich

$$M_{\vartheta_H} = -\frac{B}{r_\vartheta}\,\frac{\mathrm{d}\chi_H}{\mathrm{d}\vartheta} \tag{91}$$

und damit für die Streckenquerkraft

$$Q_{\vartheta_H} = -\frac{1}{r_\vartheta}\,\frac{\mathrm{d}}{\mathrm{d}\vartheta}\left(\frac{B}{r_\vartheta}\,\frac{\mathrm{d}\chi_H}{\mathrm{d}\vartheta}\right),$$

$$Q_{\vartheta_H} = -\frac{B}{r_\vartheta^2}\,\frac{\mathrm{d}^2\chi_H}{\mathrm{d}\vartheta^2}\,. \tag{92}$$

Hiermit wird aus (90), wenn immer wieder nur die höchste Ableitung von χ_H beibehalten wird,

$$\varepsilon_{\varphi_H} = \left(\frac{1}{1-\mu^2}\right)\frac{B}{D}\,\frac{r_\varphi}{r_\vartheta^3}\,\frac{\mathrm{d}^3\chi_H}{\mathrm{d}\vartheta^3} \tag{93}$$

und aus (88) die das Biegeproblem der Rotationsschale angenähert beschreibende Differentialgleichung

$$B\,\frac{\mathrm{d}^4\chi_H}{r_\vartheta^4\,\mathrm{d}\vartheta^4} + (1-\mu^2)\,\frac{D}{r_\varphi^2}\,\chi_H = 0\,.$$

Mit

$$\varkappa^4 = 3\,(1-\mu^2)\,\frac{r_\varphi^2}{t^2} \tag{94}$$

nimmt diese die Form

$$\frac{r_\varphi^4}{r_\vartheta^4}\,\frac{\mathrm{d}^4\chi_H}{\mathrm{d}\vartheta^4} + 4\,\varkappa^4\,\chi_H = 0$$

an. Führen wir als neue Veränderliche die längs des Meridians zu messende Bogenlänge s ein, so wird $r_\vartheta \, d\vartheta = ds$ und wir erhalten

$$r_\varphi^4 \frac{d^4 \chi_H}{ds^4} + 4 \varkappa^4 \chi_H = 0 \,. \tag{95}$$

Diese Gleichung wird sehr einfach, wenn wir für r_φ und $\varkappa$ feste Werte einsetzen. Hierfür könnten wir Mittelwerte des Abklingungsbereiches des gerade betrachteten Randes wählen. Da dieser Bereich aber sehr schmal ist, wollen wir uns der Einfachheit halber dafür entscheiden, für die genannten Größen die Randwerte selbst einzuführen. (94), (95) stimmen dann mit den für den Kreiszylinder aufgestellten Gleichungen (70), (71) überein, wenn wir dort r durch r_φ und nach einmaliger Differentiation nach (61) w' durch χ_H ersetzen. Damit ist einerseits eine anschauliche Deutung des aufgestellten Näherungsverfahrens gewonnen: *Die Drehung der Meridiantangente der wirklichen Schale wird angenähert wie die entsprechende Tangentendrehung eines „Ersatzzylinders" berechnet, dessen Radius gleich dem Krümmungsradius des Breitenkreisnormalschnittes der wirklichen Schale ist.* (Vgl. Bild 39). Andererseits können wir auf Grund der gewonnenen Analogie bei der Lösung von (95) die in Abschnitt 8.31 aufgestellten Formeln übernehmen.

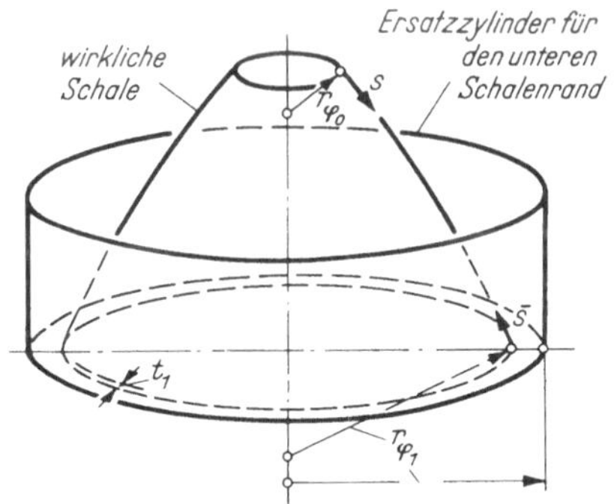

Bild 39. Rotationsschale mit Ersatzzylinder

Ordnen wir nach Bild 39 dem oberen Schalenrand die Größen r_{φ_0}, t_0, $\varkappa_0$ und s, dem unteren Rand die Größen r_{φ_1}, t_1, $\varkappa_1$ und $\bar{s}$ zu, so bekommen wir

$$\varkappa_0^4 = 3\,(1-\mu^2)\,\frac{r_{\varphi_0}^2}{t_0^2}\,, \qquad \varkappa_1^4 = 3\,(1-\mu^2)\,\frac{r_{\varphi_1}^2}{t_1^2}$$

und analog zu (73) für den oberen Schalenrand, wenn wir die vom unteren Rand ausgehende Störung vernachlässigen,

$$\chi_H = e^{-\varkappa_0 \frac{s}{r_{\varphi_0}}} \left(C_1 \cos \varkappa_0 \frac{s}{r_{\varphi_0}} + C_2 \sin \varkappa_0 \frac{s}{r_{\varphi_0}} \right). \tag{96a}$$

Für den unteren Rand erhalten wir entsprechend

$$\chi_{H_1} = e^{-\varkappa_1 \frac{\bar{s}}{r_{\varphi_1}}} \left(\bar{C}_1 \cos \varkappa_1 \frac{\bar{s}}{r_{\varphi_1}} + \bar{C}_2 \sin \varkappa_1 \frac{\bar{s}}{r_{\varphi_1}} \right). \tag{96b}$$

Die Vernachlässigung der unteren bzw. oberen Randstörung ist notwendig, weil die ganze Näherung selbstverständlich nur einen Sinn hat, wenn die Schalenränder so weit voneinander entfernt sind, daß sie sich gegenseitig nicht beeinflussen.

Mit (96a) bekommen wir für die Schnittgrößen und Verformungen einer vom Rand $s = 0$ ausgehenden Störung aus (92), (87), (93), (91) und (57d)

$$\left.\begin{aligned}
Q_{\vartheta_H} &= 2\,B\,\frac{\varkappa_0^2}{r_{\varphi_0}^2}\,\mathrm{e}^{-\varkappa_0\frac{s}{r_{\varphi_0}}}\left(C_2\cos\varkappa_0\frac{s}{r_{\varphi_0}} - C_1\sin\varkappa_0\frac{s}{r_{\varphi_0}}\right),\\
N_{\vartheta_H} &= -\,Q_{\vartheta_H}\cot\vartheta\,,\\
N_{\varphi_H} &= 2\,B\,\varkappa_0^3\frac{r_\varphi}{r_{\varphi_0}^3}\,\mathrm{e}^{-\varkappa_0\frac{s}{r_{\varphi_0}}}\left[(C_1 + C_2)\cos\varkappa_0\frac{s}{r_{\varphi_0}} - (C_1 - C_2)\sin\varkappa_0\frac{s}{r_{\varphi_0}}\right],\\
\varepsilon_{\varphi_H} &= \frac{1}{(1-\mu^2)\,D}\,N_{\varphi_H}\,,\\
M_{\vartheta_H} &= B\,\frac{\varkappa_0}{r_{\varphi_0}}\,\mathrm{e}^{-\varkappa_0\frac{s}{r_{\varphi_0}}}\left[(C_1 - C_2)\cos\varkappa_0\frac{s}{r_{\varphi_0}} + (C_1 + C_2)\sin\varkappa_0\frac{s}{r_{\varphi_0}}\right],\\
M_{\varphi_H} &= B\,\frac{\cot\vartheta}{r_\varphi}\,\mathrm{e}^{-\varkappa_0\frac{s}{r_{\varphi_0}}}\left(C_1\cos\varkappa_0\frac{s}{r_{\varphi_0}} + C_2\sin\varkappa_0\frac{s}{r_{\varphi_0}}\right) - \mu\,M_{\vartheta_H}\,.
\end{aligned}\right\}\quad (97\ \text{a–f})$$

In dem letzten Ausdruck für M_{φ_H} ist ausnahmsweise neben dem Glied $-\mu\,M_{\vartheta_H}$, das $\frac{\mathrm{d}\chi_H}{\mathrm{d}\vartheta}$ proportional ist, auch der χ_H proportionale Anteil mitgenommen worden, da das erstgenannte Glied wegen des Faktors μ recht klein ist. Die Formeln für einen unteren Rand ergeben sich aus (97), wenn man C_1 und C_2 durch $\bar{C}_1$ und $\bar{C}_2$, s durch $\bar{s}$, $\varkappa_0$ durch $\varkappa_1$, r_{φ_0} durch r_{φ_1} ersetzt und außerdem bei N_{φ_H} und M_{ϑ_H} das Vorzeichen ändert. Dieser Vorzeichenwechsel ist notwendig, da N_{φ_H} und M_{ϑ_H} ungerade Ableitungen von χ_H enthalten und nach $d\bar{s} = -\,\mathrm{d}s$ differenziert werden muß.

Mit (97) ist der Verlauf der Störungen für eine beliebige Rotationsschale gegeben. Es bleibt nur noch übrig, (97) auch für den Sonderfall der Kegelschale mit den dafür gültigen Bezeichnungen anzuschreiben. Dieses möge zusammen mit der Durchrechnung eines Beispiels geschehen.

9.2 Kegelschale als Anwendungsbeispiel. Bei der Konstruktion von Hochdruckbehältern ist es nach den Ausführungen von Abschnitt 5.32 zweckmäßig, die Kugelform zu wählen. Gewisse Schwierigkeiten bereitet aber dann die Lagerung der Kugel. Eine unter Umständen geeignete Lösung dieser Aufgabe zeigt Bild 40. Hier geht die Kugelschale unten in eine Kegelschale über, die auf einem Fundamentring aufruht. Wie der Abschluß des Behälters im Innern des Ringes ausgebildet ist — z. B. durch einen Hängeboden — ist für das folgende gleichgültig. Bei dieser Konstruktion entstehen am Auflagerrand der Kegelschale, die wir dort als starr eingespannt ansehen können, Randstörungen des Membranspannungszustandes, die wir im folgenden berechnen wollen.

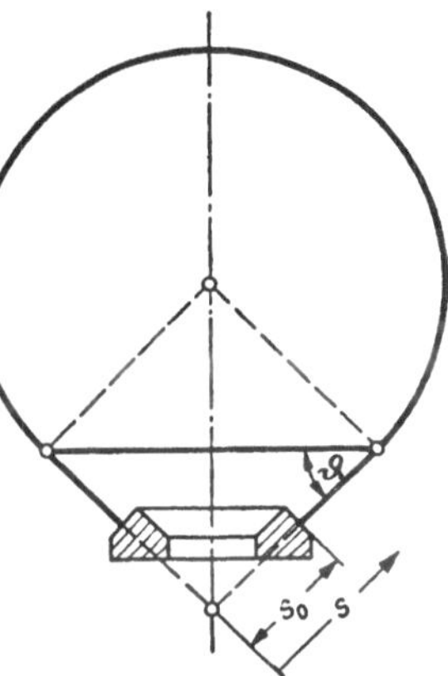

Bild 40. Hochdruckbehälter

Zunächst ist die Partikularlösung zu ermitteln. Nach (16c) ist, wenn der innere Überdruck des Behälters mit $p_z = -p$ bezeichnet wird,

$$N_{\varphi p} = p\, s \cot\vartheta\,, \tag{98 a}$$

wobei s von der Kegelspitze ausgeht. Denken wir uns die Kegelschale an einer beliebigen Stelle s durch einen horizontalen Breitenkreisschnitt getrennt, so ist die gesamte auf den unteren Behälterteil wirkende Belastung gleich $p\, a^2 \pi$. Sie muß mit der Summe der Vertikalkomponenten der Streckenlängskräfte N_{sp} im Gleichgewicht stehen. Wir erhalten so

$$N_{sp}\, 2\, a\, \pi \sin\vartheta = p\, a^2 \pi$$

und mit $a = s\cos\vartheta$

$$N_{sp} = \frac{p}{2}\, s \cot\vartheta\,. \tag{98b}$$

Nach (85) und (86) wird für konstante Wandstärke mit $\varepsilon_\vartheta = \varepsilon_{sp}$, $r_\vartheta\, \mathrm{d}\vartheta = \mathrm{d}s$ und $r_\varphi = s\cot\vartheta$

$$\left.\begin{aligned} \varepsilon_{sp} &= \frac{1}{2\,D\,(1-\mu^2)}\,(1-2\mu)\, p\, s \cot\vartheta\,, \\ \varepsilon_{\varphi p} &= \frac{1}{2\,D\,(1-\mu^2)}(2-\mu)\, p\, s\cot\vartheta\,, \\ \chi_p &= -\frac{3}{2}\,\frac{1}{(1-\mu^2)\,D}\, p\, s\cot^2\vartheta\,. \end{aligned}\right\} \tag{99a, b, c}$$

Die homogene Gleichung (95) erhält für die Kegelschale für den Rand $s = s_0$ die Form

$$s_0^4 \cot\vartheta\, \frac{\mathrm{d}^4 \chi_H}{\mathrm{d}\, s^4} + 4\,\varkappa_0\, \chi_H = 0$$

mit

$$\varkappa_0^4 = 3\,(1-\mu^2)\,\frac{r_{\varphi_0}^2}{t^2} = 3\,(1-\mu^2)\,\frac{s_0^2}{t^2}\cot^2\vartheta\,.$$

Da wir bei der Kegelschale die Koordinate s von der Kegelspitze aus rechnen, kann diese Bezeichnung nicht zugleich für die vom oberen Rand ausgehende Koordinate gewählt werden. Es sei daher hier $s - s_0 = \bar{s}$ gesetzt. Für die Schnittgrößen und die Verformungen folgt dann (97) entsprechend

$$\left.\begin{aligned}
\chi_H &= e^{-\varkappa_0 \frac{\bar{s}}{r_{\varphi_0}}}\left(C_1 \cos \varkappa_0 \frac{\bar{s}}{r_{\varphi_0}} + C_2 \sin \varkappa_0 \frac{\bar{s}}{r_{\varphi_0}}\right),\\
Q_{s_H} &= 2 B \frac{\varkappa_0^2}{r_{\varphi_0}^2} e^{-\varkappa_0 \frac{\bar{s}}{r_{\varphi_0}}}\left(C_2 \cos \varkappa_0 \frac{\bar{s}}{r_{\varphi_0}} - C_1 \sin \varkappa_0 \frac{\bar{s}}{r_{\varphi_0}}\right),\\
N_{s_H} &= -Q_{s_H} \cot \vartheta,\\
N_{\varphi_H} &= 2 B \varkappa_0^3 \frac{s \cot \vartheta}{r_{\varphi_0}^3} e^{-\varkappa_0 \frac{\bar{s}}{r_{\varphi_0}}}\left[(C_1 + C_2) \cos \varkappa_0 \frac{\bar{s}}{r_{\varphi_0}} - (C_1 - C_2) \sin \varkappa_0 \frac{\bar{s}}{r_{\varphi_0}}\right],\\
\varepsilon_{\varphi_H} &= \frac{1}{(1-\mu^2) D} N_{\varphi_H},\\
M_{s_H} &= B \frac{\varkappa_0}{r_{\varphi_0}} e^{-\varkappa_0 \frac{\bar{s}}{r_{\varphi_0}}}\left[(C_1 - C_2) \cos \varkappa_0 \frac{\bar{s}}{r_{\varphi_0}} + (C_1 + C_2) \sin \varkappa_0 \frac{\bar{s}}{r_{\varphi_0}}\right],\\
M_{\varphi_H} &= \frac{B}{s} e^{-\varkappa_0 \frac{\bar{s}}{r_{\varphi_0}}}\left(C_1 \cos \varkappa_0 \frac{\bar{s}}{r_{\varphi_0}} + C_2 \sin \varkappa_0 \frac{\bar{s}}{r_{\varphi_0}}\right) - \mu M_{s_H}.
\end{aligned}\right\} \quad \text{(100 a–g)}$$

Mit Rücksicht auf eine kurze Schreibweise ist dabei darauf verzichtet worden, $r_{\varphi_0} = s_0 \cot \vartheta$ zu setzen.

Bei starrer Einspannung der Kegelschale bei $s = s_0$, $\bar{s} = 0$ müssen an diesem Rand ε_φ und χ zu Null werden, also

$$\varepsilon_\varphi = \varepsilon_{\varphi_P} + \varepsilon_{\varphi_H} = 0,$$

$$\chi = \chi_P + \chi_H = 0.$$

Aus (99c) und (100a) folgt dann

$$C_1 = \frac{3}{2} \frac{1}{(1-\mu^2) D} p s_0 \cot^2 \vartheta,$$

und aus (99b) und (100d, e)

$$C_2 = -\frac{2-\mu}{4} \frac{p}{\varkappa_0^3 B} s_0^3 \cot^3 \vartheta - C_1.$$

Mit Kenntnis der Integrationskonstanten können die Schnittgrößen in (100) ohne Schwierigkeiten berechnet werden.

IV. Membrantheorie der Zylinderschalen

10 Kreiszylinderschale mit waagerechter Achse unter Eigengewicht

10.1 Aufgabenstellung und Differentialgleichungen. Nachdem wir Wesen und Bedeutung der Biegetheorie kennengelernt haben, wollen wir wieder zur Membrantheorie zurückkehren, mit deren Hilfe wir noch eine Reihe wichtiger Erkenntnisse gewinnen können. Nach Bild 41 sei zunächst eine waagerecht liegende Kreiszylinderschale betrachtet, die etwa ein Abschnitt einer Rohrleitung ist. Die Schale sei an beiden Enden aufgelagert, die Belastung sei Eigengewicht. Die Koordinate s lassen wir

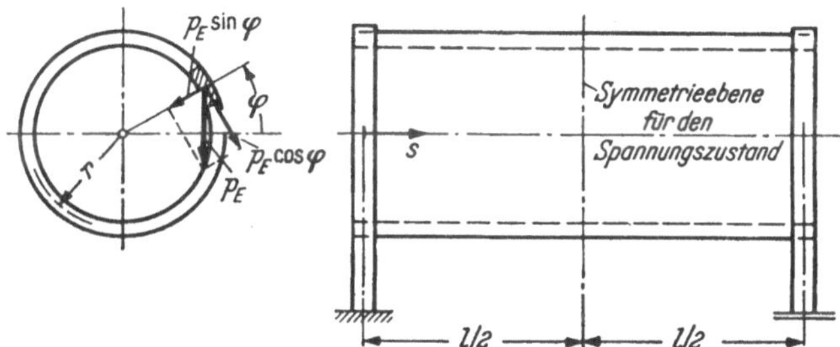

Bild 41. Waagerecht liegende Kreiszylinderschale auf zwei Stützen

an dem einen Endquerschnitt der Schale beginnen, den Winkel φ rechnen wir von der Waagerechten aus. Die Stützweite des Rohrabschnittes sei l.

Die in Kapitel 5.2 aufgestellten Differentialgleichungen (34) behalten ihre Gültigkeit. Die Belastungskomponenten für Eigengewicht haben jetzt jedoch andere Werte als bei einer senkrecht stehenden Schale. Nach Bild 41 müssen wir

$$\left.\begin{aligned} p_x &= 0\,,\\ p_y &= -\,p_E\cos\varphi\,,\\ p_z &= p_E\sin\varphi \end{aligned}\right\} \qquad (101\text{a, b, c})$$

setzen. Damit erhalten wir aus (34)

$$\left.\begin{aligned} &\frac{\partial N_s}{\partial s}\,r + \frac{\partial T}{\partial \varphi} = 0\,,\\ &\frac{\partial N_\varphi}{\partial \varphi} + \frac{\partial T}{\partial s}\,r - p_E\,r\cos\varphi = 0\,,\\ &N_\varphi + p_E\,r\sin\varphi = 0\,. \end{aligned}\right\} \qquad (102\text{a, b, c})$$

10.2 Integration der Differentialgleichung. Aus Gleichung (102c) bekommen wir sofort die Streckenlängskraft N_φ zu

$$N_\varphi = -\,p_E\,r\sin\varphi\,. \qquad (103)$$

Daraus folgt

$$\frac{\partial N_\varphi}{\partial \varphi} = -p_E\, r \cos\varphi ,$$

und wenn wir das in (102b) einsetzen

$$\frac{\partial T}{\partial s} = 2\, p_E \cos\varphi .$$

Nach Integration erhalten wir

$$T = 2\, p_E\, s \cos\varphi + F_1(\varphi) , \tag{104}$$

wobei $F_1(\varphi)$ eine nur von φ abhängige Funktion ist. Zu ihrer Bestimmung benötigen wir die Randbedingungen. Wir wollen voraussetzen, daß das Rohr an beiden Enden, also bei $s = 0$ und $s = l$ völlig gleichartig gelagert ist, so daß der gesamte Spannungszustand zu der Schnittebene $s = \frac{l}{2}$ symmetrisch sein muß. Insbesondere muß in diesem Schnitt die Streckenschubkraft T für alle φ verschwinden, weil hier eine von Null verschiedene Schubspannung eine Unsymmetrie bedeuten würde. Wir erhalten so aus (104)

$$2\, p_E \frac{l}{2} \cos\varphi + F_1(\varphi) = 0 ,$$

$$F_1(\varphi) = -p_E\, l \cos\varphi ,$$

$$T = -p_E\,(l - 2\,s) \cos\varphi . \tag{105}$$

Es ist ferner

$$\frac{\partial T}{\partial \varphi} = p_E\,(l - 2\,s) \sin\varphi .$$

Damit wird aus (102a)

$$\frac{\partial N_s}{\partial s} = -\frac{p_E}{r}\,(l - 2\,s) \sin\varphi$$

und nach Integration

$$N_s = -\frac{p_E}{r}(l\,s - s^2) \sin\varphi + F_2(\varphi) . \tag{106}$$

Zur Ermittlung der wieder nur von φ abhängigen Funktion $F_2(\varphi)$ wollen wir hinsichtlich der Stützung der Schale an ihren Rändern bei $s = 0$ und $s = l$ voraussetzen, daß dort in Richtung der Erzeugenden keine nennenswerten Kräfte aufgenommen werden können, so daß wir an diesen Stellen $N_s = 0$ für alle φ fordern müssen. Diese Forderung wird erfüllt, wenn wir in (106)

$$F_2(\varphi) = 0$$

setzen.

Das Ergebnis der Rechnung lautet nun, wenn wir die Ausdrücke (103) und (105) zur besseren Übersicht noch einmal mit angeben,

$$\left.\begin{aligned} N_s &= -\,p_E\,\frac{s}{r}\,(l-s)\sin\varphi\,,\\ N_\varphi &= -\,p_E\,r\sin\varphi\,,\\ T &= -\,p_E\,(l-2\,s)\cos\varphi\,. \end{aligned}\right\}\qquad(107\,\mathrm{a,\,b,\,c})$$

10.3 Kräfteverlauf im Rohr und in der Halbkreistonne. Die durch die Formeln (107) zum Ausdruck kommende Kräfteverteilung ist in Bild 42 dargestellt.

Am einfachsten ist der Verlauf von N_φ einzusehen, der sich genau so, wie es schon bei der Beanspruchung durch Wasserdruck gewesen war, allein aus der Bedingung (34c) für das Gleichgewicht am Schalenelement

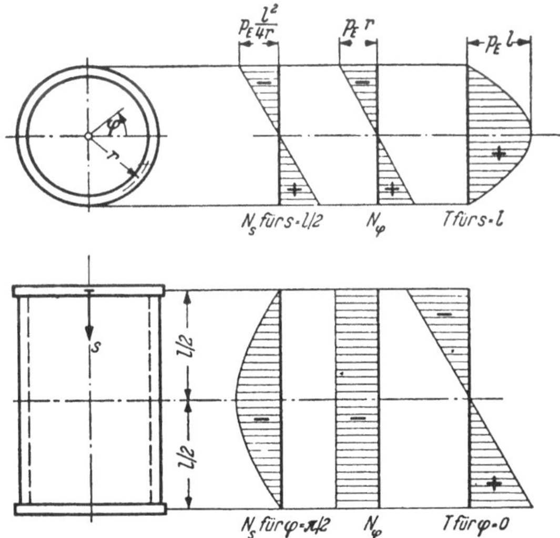

Bild 42. Kräfteverlauf in einer waagerecht liegenden Kreiszylinderschale bei Eigengewicht

in Richtung der Schalennormalen ergibt. Die Kräfte $N_\varphi\,\mathrm{d}s$ stellen sich danach in einer solchen Größe ein, daß ihre Komponente $N_\varphi\,\mathrm{d}s\,\mathrm{d}\varphi$ in z-Richtung der Belastung $p_z\,\mathrm{d}s\,r\,\mathrm{d}\varphi$ das Gleichgewicht hält.

Aber auch der Verlauf der Streckenkräfte N_s und T ist bei unserem Beispiel anschaulich verhältnismäßig leicht vorstellbar. Das bei $s = 0$ und $s = l$ gelagerte Rohr verhält sich nämlich wie ein Balken auf zwei Stützen von der Stützweite l. Die oberen Fasern werden gedrückt, die unteren gezogen, und die Abhängigkeit der Kräfte N_s von s ist dabei parabelförmig, entspricht also in der Tat dem bekannten Verlauf des Biegemomentes eines einfachen Balkens mit gleichförmig verteilter Belastung. Sogar die Abhängigkeit der Längskräfte N_s von φ unterscheidet sich in nichts von der Spannungsverteilung, wie sie sich nach der elementaren Balkenbiegungslehre ergeben würde, da nach Bild 42 das NAVIERsche Gesetz eines geradlinigen Spannungsverlaufes erfüllt ist. Schließlich ist auch die Schubspannung bzw. die Streckenschubkraft T die gleiche wie beim gewöhnlichen Balken. In den neutralen Fasern des kreisförmigen Querschnittes erreicht sie ihren Größtwert und hat über s einen geradlinigen Verlauf, der dem der Querkraft des Balkens entspricht.

Das gewonnene Rechenergebnis hat aber nicht nur für ein Kreisrohr Bedeutung, sondern vor allem auch für den Fall, daß wir nur einen Teil des Rohres zur Überdachung eines rechteckigen Grundrisses als sog. *Tonne* verwenden. Wir erhalten z. B. eine Halbkreistonne, wenn wir das Rohr in der neutralen Ebene aufschneiden und nur die obere Hälfte benutzen, so wie es in Bild 43 angedeutet ist. Für den Kräfteverlauf in dieser Tonne behalten dann ohne weiteres die Formeln (107) ihre Gültigkeit. Wir müssen nur durch eine passende Lagerung dafür sorgen, daß die nach der Membrantheorie an den Schalenrändern auftretenden Kräfte dort auch aufgenommen werden können.

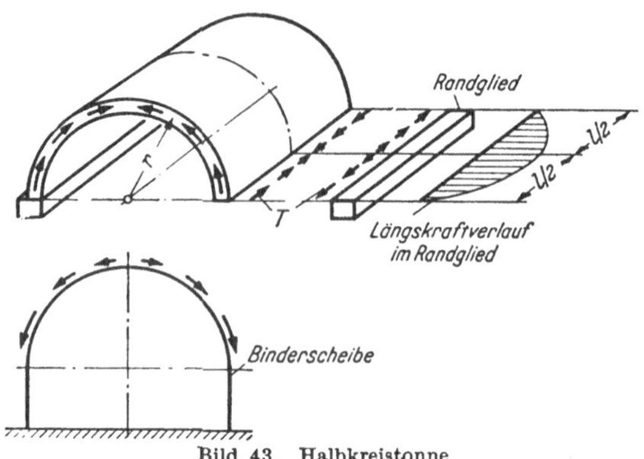

Bild 43. Halbkreistonne

Aus Bild 42 bzw. Gleichung (107b) folgt, daß N_φ an den Längsrändern der Tonne bei $\varphi = 0$ und $\varphi = \pi$ verschwindet. Es treten also dort keine Auflagerkräfte in senkrechter Richtung auf, so daß auch eine Unterstützung der Tonne in dieser Richtung nicht erforderlich ist. Das ist einerseits von praktischer Bedeutung bei Verwendung der Tonne zur Überdachung einer Halle, weil dann die Seitenwände schwach gehalten und ohne Schwierigkeiten größere Öffnungen angebracht werden können. Andererseits zeigt sich aber gerade hierbei wieder ein grundsätzlicher Unterschied zwischen der Wirkungsweise eines Bogenträgers und einer Schale. Beim Bogen würden die angreifenden Lasten längs der Bogenachse durch Normalkräfte und Biegemomente zu den Lagern weitergeleitet werden, an denen das gesamte Gewicht des Bogens in lotrechter Richtung als Lagerkraft wieder in Erscheinung treten würde. Hier werden aber diese Lagerkräfte zu Null. Die Belastung wird vielmehr durch Schubkräfte zu den Rändern $s = 0$ und $s = l$ der Schale geleitet und muß dort durch kräftige Binderscheiben — die Auflager des Balkens in Bild 41 und 42 — aufgenommen werden können, die umgekehrt überflüssig wären, wenn die Tonne wie lauter nebeneinanderliegende Bögen wirken würde.

Zu beachten ist aber noch, daß auch an den Längsrändern der Tonne Schubkräfte auftreten. Sie müssen von den Seitenwänden, oder wie in Bild 43 angedeutet, von besonderen Randgliedern aufgenommen werden. Diese Randglieder werden dabei durch die Schubkräfte auf Zug beansprucht, wie ebenfalls Bild 43 zeigt. Sie ersetzen hierbei die ganze untere Hälfte des Rohres von Bild 41, und es ist leicht vorstellbar, daß infolgedessen die Randglieder ziemlich große Querschnitte erhalten müssen. Durch Anordnung der Randglieder können wir aber nur die *Gleichgewichts*bedingungen der Membrantheorie erfüllen, die *Verformungs*bedingungen werden wieder mehr oder weniger verletzt. Denn die Schale erfährt an den Längsrändern in s-Richtung wegen $N_s = 0$ und $N_\varphi = 0$ keine Dehnung, das Randglied wird aber infolge der Zugbeanspruchung gedehnt. Dieser Widerspruch hat dann, wie wir es schon verschiedentlich besprochen haben, eine Störung des Membranspannungszustandes und Biegespannungen zur Folge, die im übrigen bei Tonnen unter Umständen sehr wesentlich werden können.

10.4 Statisch unbestimmter Membranspannungszustand. Wir wollen noch einmal zu dem Rohr von Bild 41 unter Belastung durch Eigengewicht zurückkehren und nur etwas andere Randbedingungen voraussetzen. Wie in Bild 44 angedeutet, sei das Rohr beiderseits so gelagert, daß an den Rändern $s = 0$ und $s = l$ eine Verschiebung in Richtung der Erzeugenden verhindert wird.

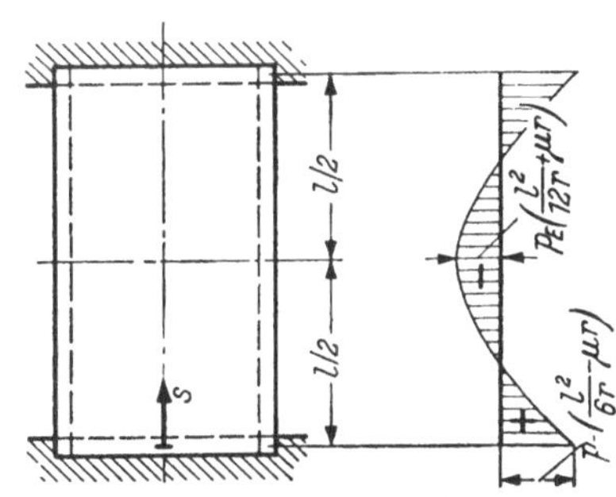

Bild 44. Waagerecht liegende Kreiszylinderschale unter Eigengewicht bei in Achsrichtung unverschieblicher Lagerung

Die Differentialgleichungen (102), in denen die Randbedingungen noch gar nicht vorkommen, behalten natürlich ihre Gültigkeit. Auch die Streckenkräfte N_φ und T nehmen dieselben Werte an, wie nach Gleichung (103) und (105); denn es wurde zur Bestimmung von F_1 (φ) in (104) nur eine Symmetrie des ganzen Spannungszustandes zur Ebene $s = \frac{l}{2}$ vorausgesetzt, die auch jetzt noch erhalten ist. Lediglich in Gleichung (106) muß die Funktion F_2 (φ) anders als vorher bestimmt werden. Während früher an den Rändern des Rohres eine Bedingung für die Längskräfte N_s bestand, sind jetzt die Verschiebungen in s-Richtung vorgeschrieben, die gleich Null werden sollen. Um dieser Forderung gerecht werden zu können, ist es aber notwendig, auf den Verformungszustand der Schale einzugehen. Obwohl es sich um einen reinen Membranspannungszustand handeln soll, der innerlich statisch bestimmt ist, wird also hier durch die Lagerung des Rohres der Kräftezustand *äußer-*

lich statisch unbestimmt. Die statisch Unbestimmte ist dabei die Funktion $F_2(\varphi)$.

Zur Lösung der Aufgabe gehen wir vom HOOKEschen Gesetz aus. Es lautet für die Dehnung ε_s

$$\varepsilon_s = \frac{1}{E\,t}\,(N_s - \mu\,N_\varphi)\,.$$

Soll nun das Rohr so gelagert sein, daß die einzelnen in s-Richtung verlaufenden Fasern ihre Gesamtlänge nicht ändern, so muß

$$\int_0^l \varepsilon_s\,\mathrm{d}s = 0$$

sein, und zwar für alle Werte von φ. Unsere Bedingung für $F_2(\varphi)$ lautet also

$$\int_0^l (N_s - \mu\,N_\varphi)\,\mathrm{d}s = 0\,.$$

Mit (103) und (106) wird daraus

$$\int_0^l \left[-\frac{p_E}{r}\,(l\,s - s^2)\sin\varphi + F_2(\varphi) + \mu\,p_E\,r\sin\varphi\right]\mathrm{d}s = 0\,,$$

$$-\frac{p_E}{r}\left(\frac{l^3}{2} - \frac{l^3}{3}\right)\sin\varphi + F_2(\varphi)\,l + \mu\,p_E\,r\,l\sin\varphi = 0\,.$$

Da diese Gleichung für jeden Wert φ gelten soll, erhalten wir

$$F_2(\varphi) = p_E\,r\left(\frac{l^2}{6\,r^2} - \mu\right)\sin\varphi\,. \tag{108}$$

Das Ergebnis unserer Rechnung lautet dann nach (103), (105), (106) und (108)

$$\left.\begin{aligned} N_s &= p_E\left[\frac{l^2}{6\,r} - \mu\,r - \frac{s}{r}\,(l - s)\right]\sin\varphi\,,\\ N_\varphi &= -\,p_E\,r\sin\varphi\,,\\ T &= -\,p_E\,(l - 2\,s)\cos\varphi\,. \end{aligned}\right\} \tag{109a, b, c}$$

Zum Verlauf von N_φ und T, der sich gegenüber früher nicht geändert hat, ist nichts zu bemerken. Die Abhängigkeit der Längskräfte N_s von s geht für $\varphi = \frac{\pi}{2}$ aus Bild 44 hervor. Wie zu erwarten, verhält sich jetzt das Rohr im Prinzip ähnlich wie ein beiderseits eingespannter Balken von der Stützweite l. Beachtenswert ist allerdings der Einfluß der Querkontraktionszahl μ, der bei kleinen Stützweiten l sehr wesentlich ist und das Bild der Spannungsverteilung gegenüber dem eines eingespannten

Balkens doch erheblich ändern kann. Für $l = r$ erhalten wir z. B. nach (109a) bei $s = 0$

$$\text{für } \mu = 0: \quad N_s = p_E \frac{r}{6},$$

$$\text{für } \mu = \frac{1}{3}: \quad N_s = -p_E \frac{r}{6},$$

also in der Tat einen sehr großen Einfluß von μ.

11 Zylinderschalen allgemeiner Form

11.1 Bezeichnungen und Belastungskomponenten. Die Halbkreistonne hat das große Pfeilverhältnis des Halbkreises, das häufig konstruktiv unerwünscht ist. Man kann das zwar vermeiden, wenn man statt der Hälfte des Rohres von Bild 41 einen kleineren Teil als Tonne verwendet. Man hat dann aber die Schwierigkeit in Kauf zu nehmen, daß an den Längsrändern der Schale nach Bild 42 Kräfte N_φ auftreten, die nicht mehr in lotrechter Richtung wirken, sondern auch quer zu den Seitenwänden Komponenten haben. Es liegt daher nahe, die Form des Kreiszylinders zu verlassen und nach Bild 45 eine Zylinderschale allgemeiner Form zu benutzen. Dabei wird also aus der Mittelfläche durch einen Schnitt quer zu den Erzeugenden eine beliebige Kurve z. B. eine Ellipse herausgeschnitten. Diese die Tonne kennzeichnende Kurve wollen wir im übrigen kurz *Querschnittskurve* nennen. Mit der Membrantheorie solcher allgemeiner Zylinderschalen wollen wir uns im folgenden noch näher befassen.

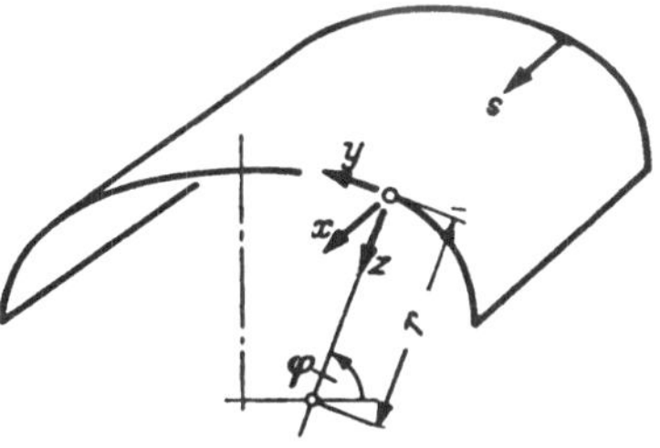

Bild 45. Zylinderschale allgemeiner Form

Nach Bild 45 behalten wir die bisherigen Bezeichnungen bei. Es ist nur zu beachten, daß der Krümmungshalbmesser r jetzt mit φ beliebig veränderlich ist. Für die Belastungskomponenten bei Eigengewicht, Schnee- und Winddruck gelten folgende Ausdrücke, die sich nach den Ausführungen von Kapitel 4.1 sofort anschreiben lassen.

Eigengewicht (wie in Kapitel 10.1):

$$\left.\begin{aligned} p_x &= 0, \\ p_y &= -p_E \cos\varphi, \\ p_z &= p_E \sin\varphi. \end{aligned}\right\} \qquad (110\text{a, b, c})$$

Schneedruck:

$$\left.\begin{aligned} p_x &= 0, \\ p_y &= -p_S \sin\varphi \cos\varphi, \\ p_z &= p_S \sin^2\varphi. \end{aligned}\right\} \qquad (111\text{a, b, c})$$

Winddruck:

$$\left.\begin{aligned} p_x &= 0\,, \\ p_y &= 0\,, \\ p_z &= p_W \cos\varphi\,. \end{aligned}\right\} \qquad (112\text{a, b, c})$$

11.2 Gleichgewicht am Schalenelement. Als nächstes müssen wir die Differentialgleichungen für die inneren Kräfte wieder neu aufstellen, denn die bei $r = \text{const}$ gültigen Gleichungen (34) werden jetzt natürlich nicht mehr ohne weiteres auch bei veränderlichem r richtig sein. Betrachten wir dazu das Gleichgewicht der am Schalenelement angreifenden Kräfte nach Bild 46, so erhalten wir zunächst aus der Momentengleichgewichtsbedingung um die Schalennormale wieder die in Bild 46 sofort vorausgesetzte Gleichheit der einander zugeordneten Schubkräfte. Für das Kräftegleichgewicht in x-Richtung, die hier mit der s-Richtung zusammenfällt, bekommen wir

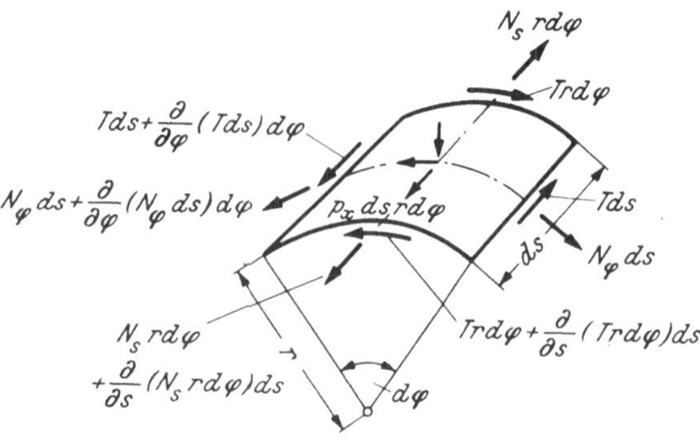

Bild 46. Element einer Zylinderschale mit den Kräften der Membrantheorie

$$\frac{\partial}{\partial s}(N_s\, r\, \mathrm{d}\varphi)\, \mathrm{d}s + \frac{\partial}{\partial\varphi}(T\, \mathrm{d}s)\, \mathrm{d}\varphi + p_x\, \mathrm{d}s\, r\, \mathrm{d}\varphi = 0\,, \qquad (113\text{a})$$

und entsprechend für das Gleichgewicht in y- und z-Richtung

$$\left.\begin{aligned} \frac{\partial}{\partial\varphi}(N_\varphi\, \mathrm{d}s)\, \mathrm{d}\varphi + \frac{\partial}{\partial s}(T\, r\, \mathrm{d}\varphi)\, \mathrm{d}s + p_y\, \mathrm{d}s\, r\, \mathrm{d}\varphi = 0\,, \\ N_\varphi\, \mathrm{d}s\, \mathrm{d}\varphi + p_z\, \mathrm{d}s\, r\, \mathrm{d}\varphi = 0\,. \end{aligned}\right\} \qquad (113\text{b, c})$$

Dividieren wir alle drei Gleichungen durch $\mathrm{d}s\, d\varphi$ und beachten, daß r zwar mit φ aber nicht mit s veränderlich ist, so erhalten wir

$$\left.\begin{aligned} &\frac{\partial N_s}{\partial s} r + \frac{\partial T}{\partial\varphi} + p_x r = 0\,, \\ &\frac{\partial N_\varphi}{\partial\varphi} + \frac{\partial T}{\partial s} r + p_y r = 0\,, \\ &N_\varphi + p_z r = 0\,. \end{aligned}\right\} \qquad (114\text{a, b, c})$$

Vergleichen wir die Beziehungen (114) mit den für die Kreiszylinderschale gültigen Gleichungen (34), so stellen wir die überraschende Tatsache fest, daß beide Gleichungssysteme genau übereinstimmen, daß also durch die Veränderlichkeit von r keine neuen Glieder auftreten. Bedingt ist dieses Ergebnis dadurch, daß in (113) der Halbmesser r immer nur dort unter dem Differentiationszeichen steht, wo nach s differenziert wird.

Von den Gleichungen (114) ist vor allem (114c) von Bedeutung, da wir daraus folgende allgemeingültige Erkenntnis gewinnen können. Es wird $N_\varphi = 0$, sobald $p_z = 0$ ist. Bei der in erster Linie maßgeblichen Belastung aus Eigengewicht und Schnee treten folglich genau wie bei der Halbkreistonne keine senkrechten Auflagerkräfte an den Längsrändern der Schale auf, wenn wir dort $\varphi = 0$ bzw. $\varphi = \pi$ wählen, denn dann verschwindet nach (110) und (111) auch p_z. Die Querschnittskurve der Tonne muß also in diesem Fall an den Auflagern eine senkrechte Tangente haben. Den Vorteil, nur Schubkräfte an den Längsrändern zu erzeugen, hat danach z. B. eine Tonne, deren Schnittkurve eine Halbellipse oder auch eine Zykloide ist.

Im übrigen müssen wir uns, um den durch die Gleichungen (114) beschriebenen Kräfteverlauf näher kennenzulernen, auf die Untersuchung bestimmter Schalenformen beschränken. Wir werden sehen, daß sich dabei erhebliche Unterschiede gegenüber dem Beanspruchungszustand einer Kreistonne ergeben können.

11.3 Parabeltonne bei Schneedruck. Als erstes Beispiel einer nicht kreisförmigen Zylinderschale wollen wir, wie in Bild 47 angedeutet, eine Parabeltonne betrachten, deren Belastung zunächst Schneedruck sei. Dieses Problem dürfte besonderes Interesse beanspruchen, da wir in Abschnitt 4.3 bereits einen Bogen mit parabelförmiger Achse bei Schneedruck untersucht haben und so die Gelegenheit bekommen, den Unterschied in der statischen Wirkungsweise eines Parabelbogens und einer Parabeltonne kennenzulernen. Die Lagerung bei $s = 0$ und $s = l$ möge dort wieder ein Verschwinden der Streckenlängskräfte N_s verlangen.

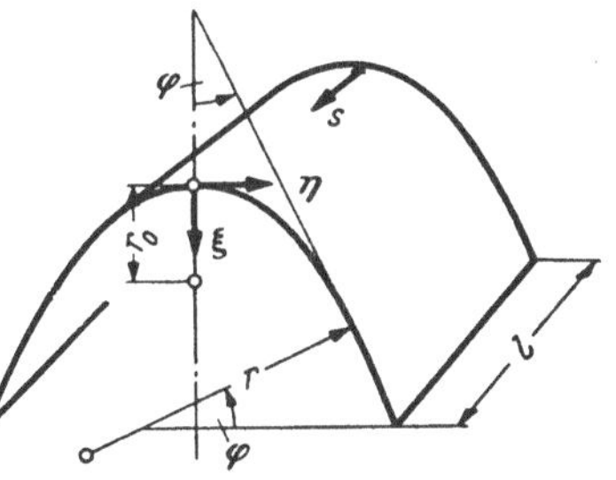

Bild 47. Parabeltonne

Benutzen wir nach Bild 47 wie in Bild 12 das Koordinatensystem ξ, η so können wir die Gleichung der Parabel in der Form

$$\eta^2 = 2\, r_0\, \xi$$

schreiben, wobei r_0 der Krümmungshalbmesser im Scheitel, also bei $\varphi = \frac{\pi}{2}$ ist. Für den Halbmesser r an einer beliebigen Stelle gilt

$$r = \frac{\left[1 + \left(\frac{d\xi}{d\eta}\right)^2\right]^{\frac{3}{2}}}{\frac{d^2\xi}{d\eta^2}}.$$

Beachten wir, daß $\frac{d^2\xi}{d\eta^2} = \frac{1}{r_0}$ und

$$\tan\varphi = \frac{d\eta}{d\xi},$$

$$1 + \left(\frac{d\xi}{d\eta}\right)^2 = 1 + \cot^2\varphi = \frac{1}{\sin^2\varphi}$$

ist, so können wir die Parabelgleichung in der für unsere Zwecke geeigneten Form

$$r = \frac{r_0}{\sin^3\varphi} \tag{115}$$

schreiben.

Aus (114) erhalten wir dann mit (115) und den Ausdrücken (111) für Schneebelastung

$$\left.\begin{aligned} &\frac{\partial N_s}{\partial s}\,\frac{r_0}{\sin^3\varphi} + \frac{\partial T}{\partial \varphi} = 0\,, \\ &\frac{\partial N_\varphi}{\partial \varphi} + \frac{\partial T}{\partial s}\,\frac{r_0}{\sin^3\varphi} - p_S\, r_0 \frac{\cos\varphi}{\sin^2\varphi} = 0\,, \\ &N_\varphi + p_S \frac{r_0}{\sin\varphi} = 0\,. \end{aligned}\right| \tag{116a, b, c}$$

Die Integration dieses Gleichungssystems erfolgt ganz ähnlich wie bei der Kreiszylinderschale. Aus (116c) bekommen wir

$$N_\varphi = -\,p_S \frac{r_0}{\sin\varphi}\,, \tag{117a}$$

$$\frac{\partial N_\varphi}{\partial \varphi} = p_S\, r_0 \frac{\cos\varphi}{\sin^2\varphi}$$

und damit aus (116b)

$$p_S\, r_0 \frac{\cos\varphi}{\sin^2\varphi} + \frac{\partial T}{\partial s}\,\frac{r_0}{\sin^3\varphi} - p_S\, r_0 \frac{\cos\varphi}{\sin^2\varphi} = 0\,,$$

$$\frac{\partial T}{\partial s} = 0\,, \quad T = F_1(\varphi)\,.$$

Machen wir von der Symmetrie des Spannungszustandes zur Ebene $s = l/2$ Gebrauch, so muß $F_1(\varphi) = 0$ und damit

$$T = 0 \tag{117b}$$

sein. Aus (116) wird dann

$$\frac{\partial N_s}{\partial s} = 0\,, \quad N_s = F_2(\varphi)\,.$$

Fordern wir, daß bei $s = 0$ und $s = l$ die Längskräfte N_s verschwinden sollen, so wird auch $F_2(\varphi) = 0$ und

$$N_s = 0\,. \tag{117c}$$

Die Schubkraft T und Längskraft N_s werden also zu Null; es treten nur Kräfte N_φ auf. Das bedeutet aber, daß in diesem Fall — völlig anders als bei der Kreistonne — die Belastung allein in φ-Richtung zu den Auflagern geleitet wird und zwischen der statischen Wirkungsweise von Bogen und Schale kein Unterschied mehr besteht. Dieses merkwürdige Ergebnis wird verständlich, wenn wir uns an die in Kapitel 4.3 gewonnene Erkenntnis erinnern, daß bei Belastung eines Bogens mit Schneedruck die Parabel die Stützlinie ist. Die Möglichkeit der räumlichen Kräfteverteilung braucht gar nicht in Anspruch genommen zu werden, um biegungsfreies Gleichgewicht zu erzielen. Die „Gewölbewirkung" reicht vielmehr dazu in diesem Sonderfall schon aus. Wir können danach allgemein schließen: *Eine Tonne, deren Querschnittskurve für die gegebene Belastung Stützlinie ist, verhält sich wie ein Bogen.*

11.4 Parabeltonne bei Eigengewicht. An der Parabeltonne können wir noch eine weitere grundsätzliche Erkenntnis gewinnen, wenn wir die Belastung durch Eigengewicht unter denselben Randbedingungen wie bei Schneedruck betrachten. Aus (110), (114) und (115) erhalten wir dafür die Differentialgleichungen

$$\left.\begin{aligned} &\frac{\partial N_s}{\partial s}\frac{r_0}{\sin^3\varphi}+\frac{\partial T}{\partial\varphi}=0\,,\\ &\frac{\partial N_\varphi}{\partial\varphi}+\frac{\partial T}{\partial s}\frac{r_0}{\sin^3\varphi}-p_E\,r_0\frac{\cos\varphi}{\sin^3\varphi}=0\,,\\ &N_\varphi+p_E\frac{r_0}{\sin^2\varphi}=0\,. \end{aligned}\right\} \qquad (118\text{a, b, c})$$

Ihre Integration erfolgt genau so, wie wir es bereits zweimal ausführlich besprochen haben. Aus (118) ergibt sich

$$N_\varphi=-\,p_E\frac{r_0}{\sin^2\varphi} \qquad (119\text{a})$$

und damit unter Beachtung der Randbedingungen aus (118a, b)

$$\left.\begin{aligned} T&=\frac{p_E}{2}\,(l-2\,s)\cos\varphi\,,\\ N_s&=\frac{p_E\,s}{2\,r_0}\,(l-s)\sin^4\varphi\,. \end{aligned}\right\} \qquad (119\text{b, c})$$

Da die Parabel für Eigengewicht nicht mehr die Stützlinie ist, treten jetzt selbstverständlich wieder Schubkräfte und Längskräfte N_s auf. Beachtenswert ist das Ergebnis (119) jedoch vor allem im Hinblick auf das Vorzeichen von T und N_s. Dieses ist nämlich gerade umgekehrt, wie wir es bei der Kreistonne gefunden haben. Die oberen Längsfasern der Tonne werden nicht mehr gedrückt, sondern gezogen, und die Schubkräfte belasten, wie es Bild 48 zeigt, die Binderscheiben von unten nach oben, erzeugen dort also „negative Auflagerkräfte". Diese Kräfteverteilung, die der statischen Wirkungsweise eines an den Binderscheiben aufgelagerten Balkens gerade entgegengesetzt zu sein scheint, können wir uns folgendermaßen klar machen.

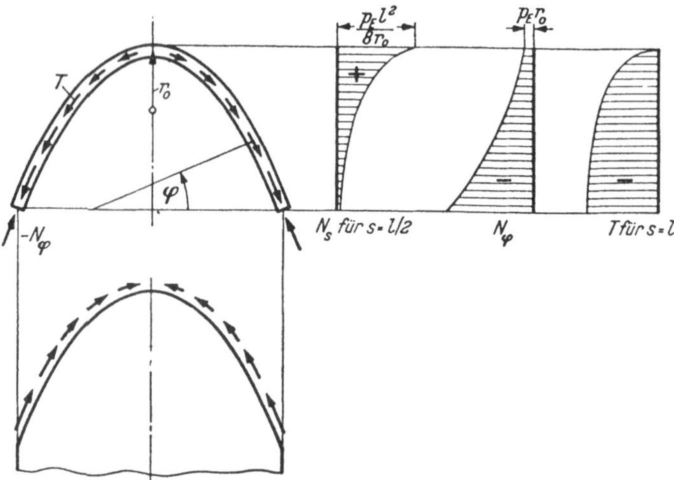

Bild 48. Kräfteverlauf in einer Parabeltonne bei Eigengewicht

Nach Bild 49 zerlegen wir die Belastung durch Eigengewicht, die je Flächeneinheit des Schalengrundrisses im Scheitel der Tonne kleinere

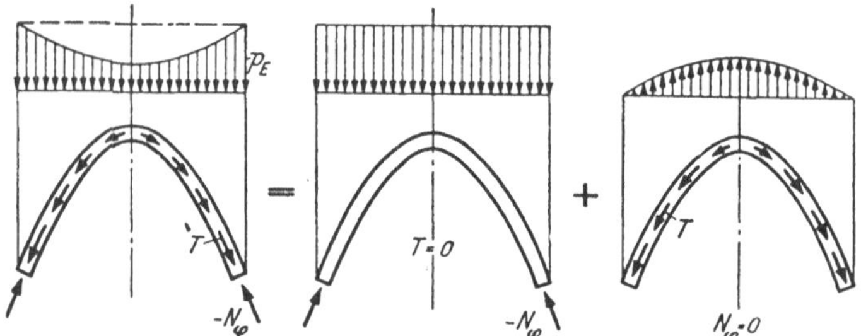

Bild 49. Entstehung negativer Binderbelastung bei der Parabeltonne unter Eigengewicht

Werte als in der Nähe der Längsränder hat, in einen Anteil, der je Flächeneinheit des Grundrisses konstant ist, und den verbleibenden Rest. Der erste Anteil erzeugt dann, da für ihn die Parabel die Stützlinie ist, nur Streckenlängskräfte N_φ, aber keine räumliche Beanspruchung. Der zweite Anteil ruft umgekehrt keine Auflagerdrücke N_φ hervor, da wir die Zerlegung so durchgeführt haben, daß seine Ordinaten an den Längsrändern gleich Null sind. Die Restbelastung muß sich also ganz auf die Binderscheiben absetzen, wie es bei der Halbkreistonne der Fall war. Da sie aber von unten nach oben gerichtet ist, muß sie in der Tat die oberen Längsfasern der Tonne auf Zug beanspruchen und bestrebt sein, die Tonne von den Bindern abzuheben.

Wir können aus dieser an der Parabeltonne gewonnenen Erkenntnis den allgemein gültigen Schluß ziehen, daß eine derartige Kräfteverteilung mit negativen Auflagerkräften an den Bindern immer dann zu erwarten ist, wenn die untersuchte Belastung im Bereich zwischen den Längsrändern kleiner ist als die zu der Querschnittskurve der Tonne gehörende Stützlinienbelastung. Dabei sind für den Vergleich die Ordinaten der gegebenen Belastung und der Stützlinienbelastung an den Längsrändern gleich groß zu wählen. Will man diese zweifellos ungünstige Beanspruchung vermeiden, so muß man eben nach Bild 50a dafür sorgen, daß die Belastung größer als die Stützlinienbelastung ausfällt. Dasselbe können wir bei gegebener Belastung auch umgekehrt so ausdrücken, daß nach Bild 50b die Querschnittskurve gegenüber der Stützlinie zwischen Scheitel und Auflager überhöht sein muß. Um das einzusehen, brauchen wir uns nur daran zu erinnern, daß die Stützlinie auch als Seilkurve der Belastung erhalten werden kann. Wir können dann schon mit der Anschauung entscheiden, daß bei einer Überhöhung nach Bild 50b die zugehörige Stützlinienbelastung sich so ändert, daß ihre Scheitelordinaten im Verhältnis zu den Ordinaten an den Auflagern kleiner werden und damit die wirkliche Belastung, wie verlangt, oberhalb der Stützlinienbelastung zu liegen kommt.

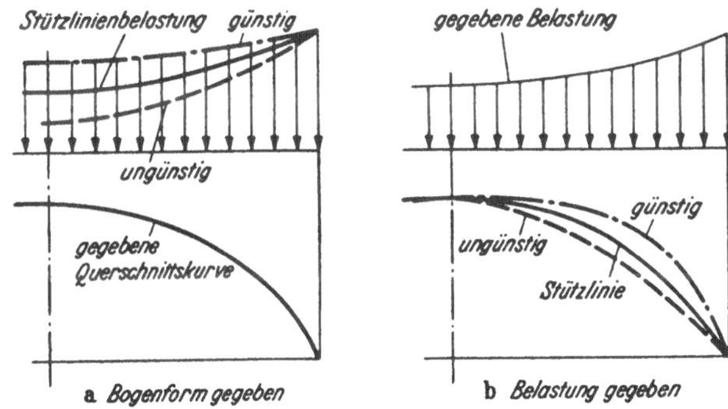

Bild 50a u. b. Günstiger und ungünstiger Verlauf von Belastung und Querschnittskurven bei Zylinderschalen

V. Membrantheorie allgemeiner Schalen

12 Bezeichnungen und geometrische Beziehungen

Bisher haben wir nur zwei spezielle Schalenklassen, die Rotationsschalen und die Zylinderschalen, untersucht. Im folgenden wollen wir eine Berechnungsmethode kennenlernen, die sich nicht von vornherein auf eine bestimmte Schalenform beschränkt, sondern grundsätzlich allgemein gilt. Allerdings ist sie in der praktischen Anwendung auch nur in gewissen Fällen zweckmäßig, die unter anderem dadurch gekennzeichnet sind, daß die Schale eine rechteckige Grundrißform hat. In solchen Fällen gelingt dann aber die Lösung häufig in überraschend einfacher Weise.

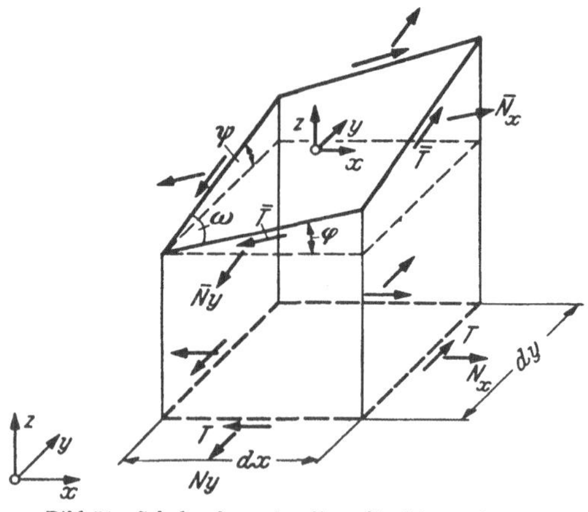

Bild 51. Schalenelement mit rechteckigem Grundriß

Der Grundgedanke der Methode[1] besteht darin, den gesamten Kräftezustand in der Grundrißprojektion zu betrachten. Dementsprechend benutzen wir nach Bild 51 ein rechtwinkliges Koordinatensystem x, y, z und schneiden aus der zu untersuchenden Schale ein Element durch zwei benachbarte Ebenen $x = \text{const}$ und $y = \text{const}$ heraus, so daß es im Grundriß die Kantenlängen $\mathrm{d}\,x$ und $\mathrm{d}\,y$ hat. Das Schalenelement selbst ist damit schiefwinklig. Seine Neigung gegenüber der Grundrißebene wird durch die Winkel φ und ψ festgelegt. Ist die Schalenmittelfläche durch $z = f\,(x, y)$ gegeben, so gilt

$$\tan\varphi = \frac{\partial z}{\partial x}, \quad \tan\psi = \frac{\partial z}{\partial y}.$$

Der Winkel, den die Kanten des Mittelflächenelementes miteinander bilden, sei ω. Für ihn gilt nach bekannten Beziehungen der analytischen Geometrie die Formel

$$\cos\omega = \sin\varphi\sin\psi = \frac{\dfrac{\partial z}{\partial x}\,\dfrac{\partial z}{\partial y}}{\sqrt{\left[1+\left(\dfrac{\partial z}{\partial x}\right)^2\right]\left[1+\left(\dfrac{\partial z}{\partial y}\right)^2\right]}}.$$

Die Schnittgrößen am Schalenelement seien „schiefe" Schnittgrößen genannt und nach Bild 51 mit $\bar{N}_x$, $\bar{N}_y$, $\bar{T}$ bezeichnet. Sie sind Streckenkräfte je Längeneinheit der Schnittkanten des wirklichen Schalenelementes. Die Grundrißprojektionen der schiefen Schnittkräfte seien N_x, N_y, T. Sie seien Streckenkräfte je Längeneinheit der Kanten des

[1] Nach A. PUCHER: Beton u. Eisen **13**, 298 (1934).

Grundrißelementes. Nach Bild 51 bestehen die Beziehungen

$$\bar{N}_x = N_x \frac{\cos\varphi}{\cos\psi}, \quad \bar{N}_y = N_y \frac{\cos\psi}{\cos\varphi}, \quad \bar{T} = T. \tag{120}$$

Die schiefen Schnittkräfte lassen sich danach leicht angeben, wenn die Grundrißkräfte bekannt sind.

13 Gleichgewichtsbedingungen. Differentialgleichung

Zur Ermittlung der Grundrißkräfte dienen die Gleichgewichtsbedingungen. Diese lauten für das Kräftegleichgewicht in x-, y-, z-Richtung, wenn wir die in diesen Richtungen wirkenden Belastungskomponenten je Flächeneinheit der Grundrißprojektionen mit p_x, p_y, p_z bezeichnen,

$$\left.\begin{aligned} &\frac{\partial N_x}{\partial x} + \frac{\partial T}{\partial y} + p_x = 0, \\ &\frac{\partial N_y}{\partial y} + \frac{\partial T}{\partial x} + p_y = 0, \\ &\frac{\partial}{\partial x}\left(N_x \frac{\partial z}{\partial x}\right) + \frac{\partial}{\partial y}\left(N_y \frac{\partial z}{\partial y}\right) + \frac{\partial}{\partial y}\left(T \frac{\partial z}{\partial x}\right) + \frac{\partial}{\partial x}\left(T \frac{\partial z}{\partial y}\right) + p_z = 0. \end{aligned}\right| \quad \begin{matrix}(121\\ \text{a, b, c)}\end{matrix}$$

In (121c) ist $N_x \dfrac{\partial z}{\partial x} = N_x \tan\varphi$ die Vertikalkomponente von $\bar{N}_x$; die übrigen Komponenten ergeben sich entsprechend. Das Momentengleichgewicht um die z-Achse ist von selbst durch die in Bild 51 bereits vorausgesetzte Gleichheit der einander zugeordneten Schubkräfte gesichert.

Die Gleichungen (121) lassen sich in besonders einfacher Weise in einer einzigen zusammenfassen, wenn wir $p_x = 0$, $p_y = 0$ setzen, also nur eine Belastung in z-Richtung annehmen. Wir können dann nämlich — wie es in ähnlicher Weise in der Theorie der Scheiben üblich ist — eine Spannungsfunktion F durch die Beziehungen

$$N_x = \frac{\partial^2 F}{\partial y^2}, \quad N_y = \frac{\partial^2 F}{\partial x^2}, \quad T = -\frac{\partial^2 F}{\partial x \partial y} \tag{122a, b, c}$$

einführen, wodurch die Gleichungen (121a, b) bereits befriedigt sind. Aus (121c) ergibt sich zur Bestimmung von F die Gleichung

$$\frac{\partial^2 F}{\partial y^2}\frac{\partial^2 z}{\partial x^2} - 2\frac{\partial^2 F}{\partial x \partial y}\frac{\partial^2 z}{\partial x \partial y} + \frac{\partial^2 F}{\partial x^2}\frac{\partial^2 z}{\partial y^2} + p_z = 0. \tag{123}$$

Die Lösung des Problems ist damit auf die Bestimmung von F zurückgeführt.

14 Hyperbolische Paraboloidschale unter Schneedruck

Als Beispiel für die Anwendung von (123) sei eine Schale von der Form

$$z = c\,x\,y + \frac{a_1}{a}\,x + \frac{b_1}{b}\,y \tag{124}$$

untersucht, die als hyperbolische Paraboloidschale bezeichnet wird. c ist dabei eine beliebige Konstante.

In Bild 52 ist die durch (124) gegebene Schalenform dargestellt und zugleich angedeutet, wie z. B. aus vier solcher Schalen ein Dach zusammengesetzt werden kann. Die hyperbolische Paraboloidschale ist schalungstechnisch besonders günstig, da die Schnitte $x = \text{const}$ und $y = \text{const}$ gerade Linien sind.

Aus (124) folgt

$$\frac{\partial^2 z}{\partial x^2} = \frac{\partial^2 z}{\partial y^2} = 0\,, \qquad \frac{\partial^2 z}{\partial x\,\partial y} = c\,.$$

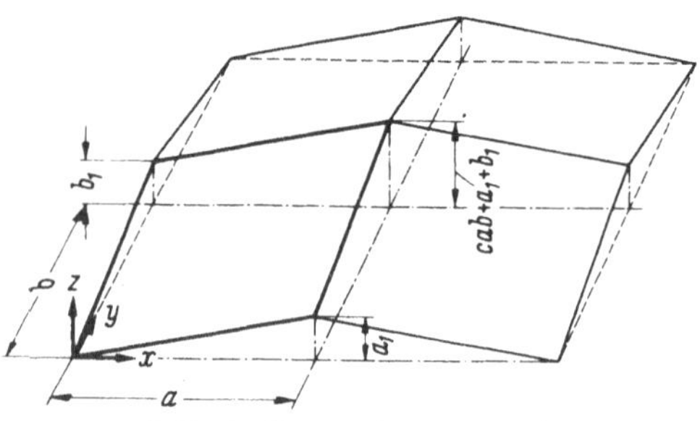

Bild 52. Hyperbolische Paraboloidschale

Damit wird aus (123) und (122c)

$$-\frac{\partial^2 F}{\partial x\,\partial y}\,c = T\,c = -\frac{1}{2}\,p_z\,.$$

Setzen wir nun Belastung mit Schneedruck p_S voraus, so ist mit $p_z = -\,p_S = \text{const}$

$$T = \frac{p_S}{2\,c}\,. \tag{125a}$$

Ferner wird

$$\frac{\partial F}{\partial x} = -\frac{p_S}{2\,c}\,y + f_1(x)\,,$$

$$N_y = \frac{\partial^2 F}{\partial x^2} = \frac{\partial f_1(x)}{\partial x} = F_1(x)\,. \tag{125b}$$

Entsprechend erhalten wir

$$N_x = \frac{\partial^2 F}{\partial y^2} = F_2(y)\,, \tag{125c}$$

wobei $f_1(x)$, $F_1(x)$ und $F_2(y)$ beliebige, aber nur von x bzw. y abhängige Funktionen sind. Nehmen wir an, daß die Schale längs der Ränder $x = 0$ und $y = 0$ Giebelwände besitzt, die quer zu ihrer Ebene weich sind, also in dieser Richtung keine Kräfte aufnehmen können, so muß $F_1(x) = F_2(y) = 0$ und damit auch $N_x = N_y = 0$ sein. Der gesamte Spannungszustand der Schale besteht dann nur aus Schubkräften. Diese müssen allerdings an den Rändern von entsprechenden Rippen aufgenommen werden können. Da diese Randglieder gewisse Dehnungen erfahren, die Schale aber wegen $N_x = N_y = 0$ in x- und y-Richtung dehnungsfrei ist, treten Widersprüche in den Verformungen auf, deren Beseitigung nur durch eine Biegetheorie möglich ist.

VI. Einzelheiten des Spannungszustandes

15 Berechnung der Spannungen aus den Schnittgrößen

Bei allen unseren bisherigen Untersuchungen ist es immer das Ziel gewesen, die Schnittgrößen der Schale, also die Streckenkräfte und -momente zu berechnen. Letzten Endes brauchen wir aber zum Festig-

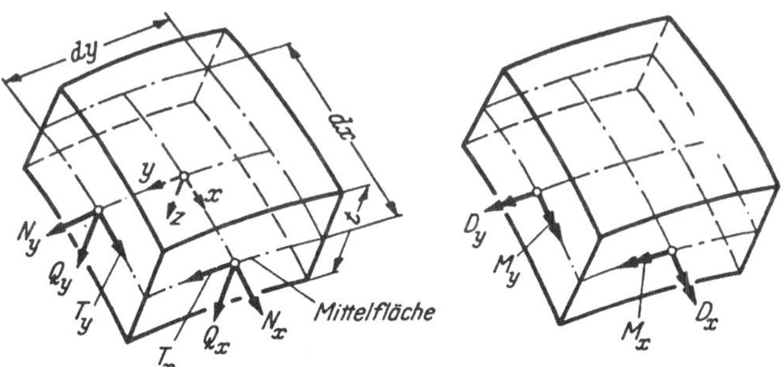

Bild 53a u. b. Schnittgrößen am Element einer Schale beliebiger Form

keitsnachweis bzw. zur Bemessung die Spannungen der Schale. Die Formeln zu ihrer Ermittlung bei gegebenen Schnittgrößen wollen wir jetzt zusammenstellen.

Die Beschränkung auf eine bestimmte Schalenform, also z. B. auf Rotations- oder Zylinderschalen ist dabei nicht erforderlich. Wir betrachten deshalb nach Bild 53a u. b und Bild 54 ein Element einer beliebigen, doppelt gekrümmten Schale, dessen Mittelfläche durch jeweils zwei benachbarte Krümmungslinien begrenzt wird, und dessen Seitenlängen dx und dy seien. Aus Bild 53a u. b folgen die am Element angreifenden Schnittgrößen,

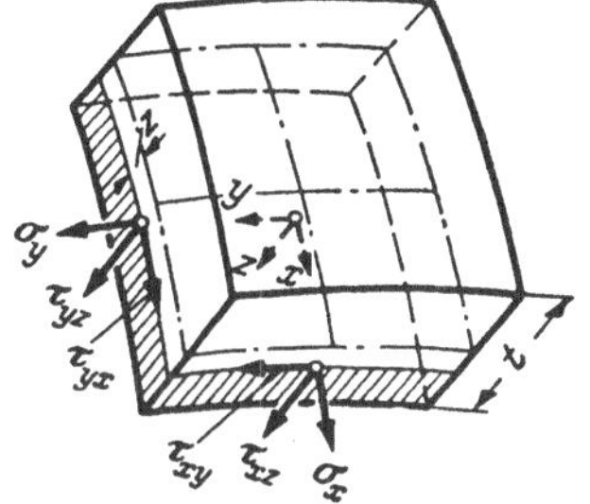

Bild 54. Spannungen am Element einer Schale beliebiger Form

die Streckenkräfte N_x, N_y, T_x, T_y, Q_x, Q_y

und die Streckenmomente M_x, M_y, D_x, D_y,

deren Definition mit unseren Festsetzungen bei den Rotationsschalen in Bild 9 völlig übereinstimmt; es wird hier nur durch Benutzung der Koordinaten x, y, z zum Ausdruck gebracht, daß es sich um eine beliebige Schalenform handeln kann. In Bild 54 sind die Spannungen eingezeichnet, die durch die Schnittgrößen im Abstand z von der Mittelfläche hervorgerufen werden, also die

Längsspannungen σ_x, σ_y

und die Schubspannungen τ_{xy}, τ_{yx}, τ_{xz}, τ_{yz}.

Die Bezeichnungsweise der Schubspannungen folgt dabei dem üblichen Brauch, nach dem der erste Index die Fläche unter Hinweis auf ihre Normale kennzeichnet, in der die Schubspannung wirkt, und der zweite Index die Achse angibt, der die Schubspannung parallel ist.

Bei den grundlegenden Annahmen der Schalentheorie haben wir vorausgesetzt, daß die Punkte der Schale, die im unverformten Zustand einer Normalen zur Mittelfläche angehören, auch nach der Verformung wieder auf einer Normalen zur verformten Mittelfläche liegen (vgl. Bild 4a). Daraus folgt freilich trotz des linearen Hookeschen Gesetzes noch nicht ohne weiteres, daß auch die Spannungsverteilung über die Wandstärke linear ist. Wir hatten im Gegenteil bei Berechnung der Biegespannungen der drehsymmetrisch belasteten Rotationsschale zunächst festgestellt, daß sich wegen der Krümmung der Schale Abweichungen vom linearen Verlauf ergeben. Allerdings überzeugten wir uns dann davon, daß diese Abweichungen unbedeutend sind, so daß wir uns zu ihrer Vernachlässigung entschließen konnten. Bei der Rotationsschale erhielten wir so die Formeln (58), nach denen sich die Spannungen wie in der Balkenbiegungslehre ergeben, und entsprechend können wir auch jetzt allgemein zur Berechnung der Spannungen vorgehen.

Zum Beispiel bekommen wir σ_x, indem wir die am Element angreifende Kraft $N_x \, \mathrm{d}y$ durch die jetzt als rechteckig anzunehmende Fläche $t \, \mathrm{d}y$ dividieren und außerdem den Anteil der Biegung berücksichtigen, der aus dem Moment $M_x \, \mathrm{d}y$ und dem Trägheitsmoment $\frac{t^3}{12} \, \mathrm{d}y$ folgt. Wir erhalten dann für die Längsspannungen in Übereinstimmung mit (58)

$$\left.\begin{aligned} \sigma_x &= \frac{N_x}{t} + \frac{M_x}{t^3/12} z, \\ \sigma_y &= \frac{N_y}{t} - \frac{M_y}{t^3/12} z. \end{aligned}\right\} \qquad (126\text{a, b})$$

Die Vorzeichen ergeben sich dabei aus der als positiv gewählten Richtung der Schnittgrößen und Spannungen nach Bild 53 und 54.

Für die durch Schubkräfte und Drillmomente hervorgerufenen Schubspannungen τ_{xy} bzw. τ_{yx} gilt das Entsprechende wie für die Längsspannungen. Auch hier muß aus der Annahme vom Geradebleiben der Normalen, dem HOOKEschen Gesetz und der Vernachlässigung des Krümmungseinflusses eine lineare Spannungsverteilung folgen, so daß wir

$$\left.\begin{aligned} \tau_{xy} &= \frac{T_x}{t} - \frac{D_x}{t^3/12} z, \\ \tau_{yx} &= \frac{T_y}{t} + \frac{D_y}{t^3/12} z \end{aligned}\right\} \qquad (126\,\mathrm{c,\,d})$$

erhalten, wobei wieder das Vorzeichen durch die Bilder 53 und 54 festgelegt ist.

Die Gleichungen (126c, d) liefern eine beachtenswerte Aussage. Wenn wir verlangen, daß die einander zugeordneten Schubspannungen τ_{xy} und τ_{yx}, wie es sein muß, übereinstimmen, können (126c) und (126d) für beliebige z nur durch

$$T_x = T_y, \quad D_x = -D_y$$

erfüllt werden. Die einander zugeordneten Streckenschubkräfte T_x und T_y und Streckendrillmomente D_x und $-D_y$ müssen also ebenfalls gleich sein. Während wir das schon für die Schubkräfte der Membrantheorie der Rotations- und Zylinderschalen aus dem Gleichgewicht am Schalenelement gefolgert haben, gilt die jetzt gewonnene Erkenntnis auch für die Biegetheorie und zwar bei beliebiger Schalenform und Belastung. Wesentlich ist allerdings, daß dieses Ergebnis nur aus der Näherungsannahme linearer Spannungsverteilung abgeleitet wurde. Sobald es wünschenswert wird, genauer zu rechnen, braucht die Gleichheit nicht mehr zu bestehen, und es läßt sich zeigen, daß das dann auch im allgemeinen nicht mehr der Fall ist.

Es fehlen nun noch Beziehungen für die Schubspannungen τ_{xz} und τ_{yz}, die durch die Querkräfte Q_x und Q_y bedingt werden. In Übereinstimmung mit den bisherigen Annahmen werden wir auch hier voraussetzen, daß diese Schubspannungen wie in der elementaren Theorie biegungsfester Stäbe berechnet werden können. Bei einem Rechteckquerschnitt haben wir dort bekanntlich eine parabolische Verteilung der Schubspannung, die sich nach der üblichen Formel z. B. für τ_{xz} zu

$$\tau_{xz} = \frac{Q_x \,\mathrm{d}y\, \mathfrak{S}_x}{\mathrm{d}y \frac{t^3}{12} \mathrm{d}y}$$

ergibt, wobei

$$\begin{aligned} \mathfrak{S}_x &= \mathrm{d}y\left(\frac{t}{2} - z\right)\left[z + \frac{1}{2}\left(\frac{t}{2} - z\right)\right] \\ &= \frac{1}{2}\left(\frac{t^2}{4} - z^2\right)\mathrm{d}y \end{aligned}$$

das statische Moment des in Bild 54 schraffierten Teiles des Querschnittes $t\,\mathrm{d}y$ in bezug auf die Querschnittshauptachse $z = 0$ ist. Wir erhalten dann

$$\left.\begin{aligned} \tau_{xz} &= \frac{Q_x}{t^3/12}\,\frac{1}{2}\left(\frac{t^2}{4} - z^2\right), \\ \tau_{yz} &= \frac{Q_y}{t^3/12}\,\frac{1}{2}\left(\frac{t^2}{4} - z^2\right). \end{aligned}\right\} \qquad (126\text{e, f})$$

16 Abhängigkeit des Spannungszustandes von der Schnittrichtung

Haben wir für ein bestimmtes Koordinatensystem x, y, dessen Lage durch die geometrische Gestalt der Schale und die Forderung einer möglichst einfachen Rechnung fast immer von selbst gegeben ist, die Schnittgrößen und daraus die Spannungen berechnet, so kann es von Bedeutung sein, die Spannungen auch noch für andere Schnittrichtungen zu kennen. Wir stellen uns dementsprechend nach Bild 55 die Aufgabe, die für das Koordinatensystem x, y bekannten Spannungen auf ein System x', y' zu transformieren, das ebenfalls rechtwinklig ist, aber gegenüber dem ersten System um den Winkel α um die z-Achse gedreht ist.

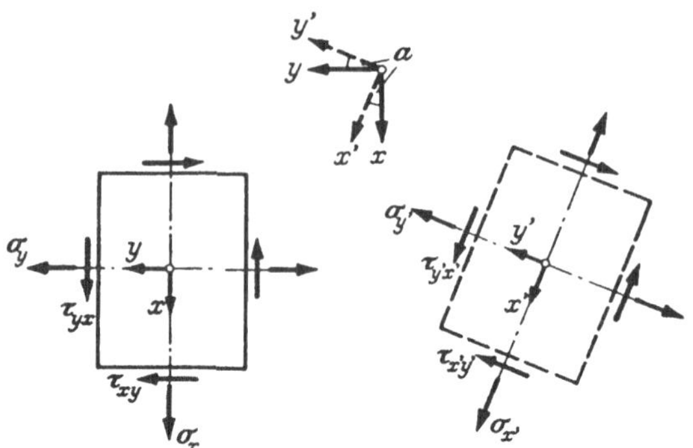

Bild 55. Zur Transformation des Spannungszustandes

Dazu betrachten wir nach Bild 56 ein dreieckiges Element der Schale. Es wird durch zwei in den Abständen z und $z + \mathrm{d}z$ von der Mittelfläche verlaufende Flächen aus der Schale herausgeschnitten, so daß es die Dicke $\mathrm{d}z$ hat. Im übrigen wird es von drei Seitenflächen begrenzt, die den Achsen x, y und y' parallel sind. Die Kantenlängen bezeichnen wir mit $\mathrm{d}x$, $\mathrm{d}y$ und $\mathrm{d}y'$. Gegeben sind die Spannungen σ_x, τ_{xy}, τ_{xz} und σ_y, τ_{yx}, τ_{yz}, gesucht sind $\sigma_{x'}$, $\tau_{x'y'}$, $\tau_{x'z}$. Aus den Gleichgewichtsbedingungen für

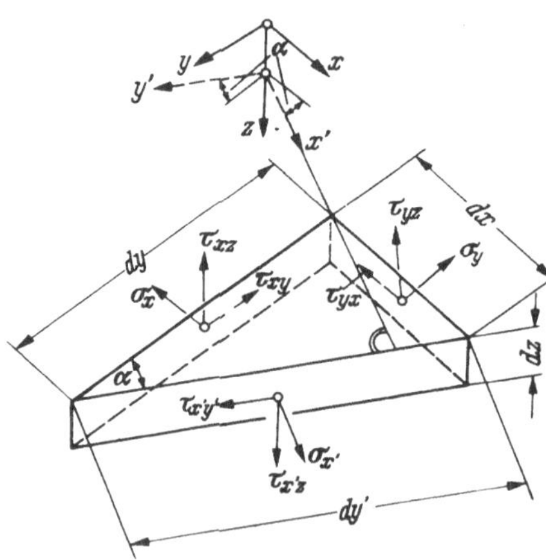

Bild 56. Spannungen an einem dreieckigen Schalenelement

das Element in x'-, y'- und z-Richtung erhalten wir

$$\sigma_{x'}\,\mathrm{d}y'\,\mathrm{d}z - \sigma_x\,\mathrm{d}y\,\mathrm{d}z\cos\alpha - \tau_{xy}\,\mathrm{d}y\,\mathrm{d}z\sin\alpha - \sigma_y\,\mathrm{d}x\,\mathrm{d}z\sin\alpha - \\ - \tau_{yx}\,\mathrm{d}x\,\mathrm{d}z\cos\alpha = 0\,,$$

$$\tau_{x'y'}\,\mathrm{d}y'\,\mathrm{d}z + \sigma_x\,\mathrm{d}y\,\mathrm{d}z\sin\alpha - \tau_{xy}\,\mathrm{d}y\,\mathrm{d}z\cos\alpha - \sigma_y\,\mathrm{d}x\,\mathrm{d}z\cos\alpha + \\ + \tau_{yx}\,\mathrm{d}x\,\mathrm{d}z\sin\alpha = 0\,,$$

$$\tau_{x'z}\,\mathrm{d}y'\,\mathrm{d}z - \tau_{xz}\,\mathrm{d}y\,\mathrm{d}z - \tau_{yz}\,\mathrm{d}x\,\mathrm{d}z = 0\,.$$

Dabei haben wir weder die Belastung des Elementes, noch seine Krümmung, die in Bild 56 der Einfachheit halber gar nicht mit dargestellt ist, berücksichtigt. Das ist zulässig, weil sich diese Einflüsse für unsere Betrachtung doch als von höherer Ordnung klein herausstellen würden. Dividieren wir die drei Gleichgewichtsbedingungen durch $\mathrm{d}y'\,\mathrm{d}z$ und beachten, daß

$$\frac{\mathrm{d}x}{\mathrm{d}y'} = \sin\alpha\,, \qquad \frac{\mathrm{d}y}{\mathrm{d}y'} = \cos\alpha\,, \qquad \tau_{xy} = \tau_{yx}$$

ist, so bekommen wir

$$\left.\begin{aligned} \sigma_{x'} &= \sigma_x\cos^2\alpha + \sigma_y\sin^2\alpha + 2\tau_{xy}\sin\alpha\cos\alpha\,, \\ \tau_{x'y'} &= -(\sigma_x - \sigma_y)\sin\alpha\cos\alpha + \tau_{xy}(\cos^2\alpha - \sin^2\alpha)\,, \\ \tau_{x'z} &= \tau_{xz}\cos\alpha + \tau_{yz}\sin\alpha\,. \end{aligned}\right\} \quad (127\text{a, b, c})$$

Die ersten beiden Gleichungen (127a, b) stellen die bekannten Transformationsformeln für den ebenen Spannungszustand dar, die in der elementaren Festigkeitslehre ausführlich besprochen werden, so daß wir uns hier sehr kurz fassen können. Es gibt im allgemeinen zwei aufeinander senkrecht stehende „Hauptachsen", für die die Längsspannungen Extremwerte annehmen und die Schubspannung verschwindet. Aus der Bedingung $\frac{\mathrm{d}\sigma_x'}{\mathrm{d}\alpha} = 0$ läßt sich leicht ausrechnen, daß die Hauptachsen durch einen Winkel α festgelegt sind, der aus

$$\tan 2\alpha = \frac{2\tau_{xy}}{\sigma_x - \sigma_y}$$

folgt, und daß die Hauptspannungen die Werte

$$\begin{matrix}\max\\ \min\end{matrix}\ \sigma_{x'} = \frac{\sigma_x + \sigma_y}{2} \pm \sqrt{\frac{(\sigma_x - \sigma_y)^2}{4} + \tau_{xy}^2}$$

haben.

Die Schubspannung $\tau_{x'z}$ nimmt nach (127c) Extremwerte an, die bei

$$\tan\alpha = \frac{\tau_{yz}}{\tau_{xz}}$$

liegen und die Größe

$$\max_{\min} \tau_{x'z} = \pm \sqrt{\tau_{xz}^2 + \tau_{yz}^2}$$

haben.

Statt die Spannungen auf das neue Koordinatensystem umzurechnen, kann man auch schon vorher die Schnittgrößen transformieren. Die hierfür gültigen Formeln bekommen wir, wenn wir die Gleichungen (126) in (127) einsetzen. Mit $z = 0$ folgen auf diese Weise zunächst die Gleichungen für die Streckenkräfte

$$\left.\begin{aligned} N_{x'} &= N_x \cos^2\alpha + N_y \sin^2\alpha + 2\,T_{xy} \sin\alpha\cos\alpha\,, \\ T_{x'y'} &= -\,(N_x - N_y)\sin\alpha\cos\alpha + T_{xy}(\cos^2\alpha - \sin^2\alpha)\,, \\ Q_{x'z} &= Q_x \cos\alpha + Q_y \sin\alpha \end{aligned}\right\} \quad (128\text{a, b, c})$$

und weiter für die Streckenmomente, wobei das Vorzeichen der einzelnen Größen besonders zu beachten ist,

$$\left.\begin{aligned} M_{x'} &= M_x \cos^2\alpha - M_y \sin^2\alpha - 2\,D_x \sin\alpha\cos\alpha\,, \\ D_{x'} &= (M_x + M_y)\sin\alpha\cos\alpha + D_x(\cos^2\alpha - \sin^2\alpha)\,. \end{aligned}\right\} \quad (128\text{d, e})$$

Nach Berechnung der Schnittgrößen und Spannungen kann der Festigkeitsnachweis für eine Schale erfolgen. Dabei ist zu berücksichtigen, daß es sich nicht mehr um einen einachsigen Spannungszustand handelt. Wir müssen also eine der „Festigkeitshypothesen" verwenden, von denen bei homogenem Werkstoff, also z. B. bei Stahl, in erster Linie die „Hypothese von der konstanten Gestaltänderungsarbeit" in Frage kommt. Bei dem für Schalenkonstruktionen besonders bedeutungsvollen Stahlbeton verlieren die Formeln (126) für den Spannungszustand mehr oder weniger ihre Verwendbarkeit. Wir müssen dann von den Schnittgrößen ausgehen und die im Beton und in den Einlagen auftretenden Kräfte nach den Regeln des Stahlbetonbaues ermitteln[1]. Die Transformationsformeln (128) für die Schnittgrößen sind dabei zur Festlegung der richtigen Bewehrungsrichtung von besonderer Bedeutung.

---

[1] W. Flügge: Ing. Arch. **1**, 481 (1930).

VII. Schrifttumshinweise

Da es sich bei den Ausführungen der vorstehenden Abschnitte nur um eine Einführung in das Gebiet der Schalenstatik handelt, werden die gewonnenen Ergebnisse keineswegs in allen Fällen zur Bewältigung der in der Praxis auftretenden Aufgaben ausreichen. Es wird dann notwendig sein, das einschlägige Schrifttum über die Statik der Schalen heranzuziehen. Dieses wird vor allem der Fall sein, wenn es sich um Aufgaben der Biegetheorie oder um Beulprobleme der Schalen handelt.

Es sei auf folgende Lehrbücher hingewiesen:

PÖSCHL, T.: Berechnung von Behältern nach neueren und graphischen Methoden, 2. Aufl., Berlin 1926.

LOVE, A. E. H.: A Treatise on the Mathematical Theory of Elasticity, 4. Aufl., Cambridge 1934.

LURJE, A. I.: Statik dünnwandiger, elastischer Schalen, Moskau 1948.

LUNDGREEN, H.: Cylindrical Shells, Kopenhagen 1951.

BIEZENO, C. B., u. R. GRAMMEL: Technische Dynamik, Bd. 1, 2. Aufl., Berlin/Göttingen/Heidelberg 1953, S. 502–558, 670ff.

GREEN, A. E., u. W. ZERNA: Theoretical Elasticity, Oxford 1954, S. 375ff.

RÜDIGER, D., u. J. URBAN: Kreiszylinderschalen, Leipzig 1955.

BEYER, K.: Die Statik im Stahlbetonbau, 2. Aufl., Neudruck, Berlin/Göttingen/Heidelberg 1956, S. 743ff.

WLASSOW, W. S.: Allgemeine Schalentheorie und ihre Anwendung in der Technik, Berlin 1958.

GIRKMANN, K.: Flächentragwerke, 5. Aufl., Wien 1959, S. 352–554.

TIMOSHENKO, S., u. S.WOINOWSKY-KRIEGER: Theory of Plates and Shells, 2. Aufl., New York u. London 1959, S. 429ff.

TIMOSHENKO, S., u. J. M. GERE: Theory of Elastic Stability, 2. Aufl., New York u. London 1961.

GRAVINA, P. B. J.: Theorie und Berechnung der Rotationsschalen, Berlin/Göttingen/Heidelberg 1961.

FLÜGGE, W.: Statik und Dynamik der Schalen, 3. Aufl., Berlin/Göttingen/Heidelberg 1962.

WOLMIR, A. S.: Biegsame Platten und Schalen, Berlin 1962.

NOVOZHILOV, V. V.: Thin Shell Theory, 2. Aufl., Groningen 1964.

PFLÜGER, A.: Stabilitätsprobleme der Elastostatik, 3. Aufl., Berlin/Heidelberg/New York 1975.

Auf die Anführung des Schrifttums an Zeitschriftenaufsätzen, das besonders für Einzelprobleme der Schalenstatik sehr umfangreich ist, sei hier verzichtet, da sich in den angeführten Büchern zahlreiche Literaturhinweise finden. Eine Reihe von Handbüchern mit Tafeln und Tabellen zur Erleichterung der praktischen Rechnung ist im Literaturverzeichnis des Anhangs mit aufgeführt.

VIII. Anhang

Zusammenstellung von Lösungen der Schalentheorie

Inhaltsverzeichnis

Vorbemerkungen

Bei den angegebenen Spannungs- und Verformungszuständen handelt es sich entweder um Lösungen der Membrantheorie oder um Randstörungen, die nach der GECKELERschen Näherungstheorie (vgl. Abschn. 9) ermittelt wurden. Gewisse Grenzfälle liegen also außerhalb des Gültigkeitsbereichs der Formeln.

Die zur Berechnung von Randstörungen immer wieder benötigten Funktionen

$$e^{-x}\sin x,\quad e^{-x}\cos x,\quad e^{-x}(\cos x+\sin x),\quad e^{-x}(\cos x-\sin x)$$

finden sich am Schluß des Anhangs auf S. 125.

Es wird ausschließlich das HOOKEsche Elastizitätsgesetz verwendet. Der Elastizitätsmodul ist stets für ein System konstant.

Die Quellenangaben beziehen sich auf das am Schluß des Anhangs zu findende Literaturverzeichnis. Falls nur Seitenzahlen angeführt sind, beziehen sie sich auf dieses Buch. Wo Quellenangaben ganz fehlen, liegen eigene Ableitungen zugrunde.

Allgemeine Bezeichnungen

Dimensionen werden nachstehend wie folgt abgekürzt: Länge [L], Kraft [K].

Geometrische Größen (s. Bild 57)

ϑ	—	Meridianwinkel,
φ	—	Umfangswinkel,
r_ϑ	[L]	Meridiankrümmungsradius,
r_φ	[L]	Krümmungsradius des Breitenkreis-Hauptnormalschnittes,
a	[L]	Breitenkreisradius,
s	[L]	Ordinate längs des Meridians,
t	[L]	Schalendicke.

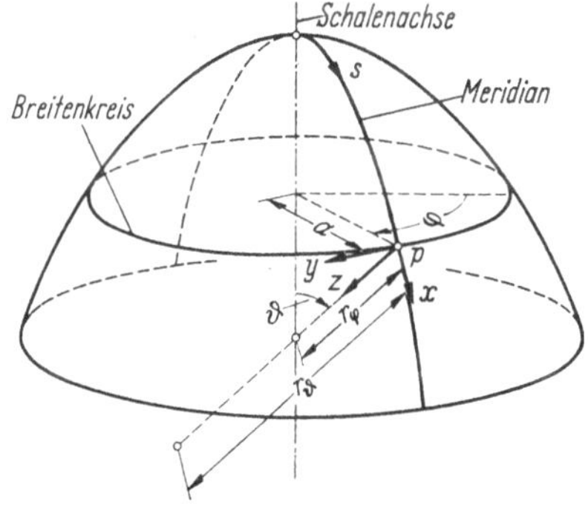

Bild 57. Geometrische Größen

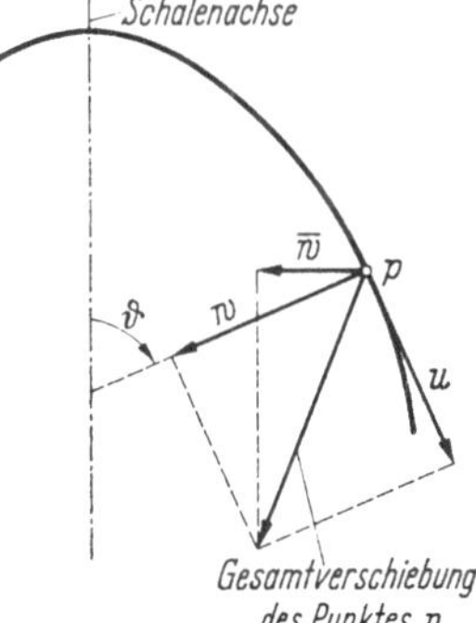

Bild 58. Verformungen

Verformungsgrößen (s. Bild 58)

u	[L]	Verschiebung in x-Richtung (Meridianrichtung),
w	[L]	Verschiebung in z-Richtung (Richtung der Schalennormalen),
$\bar{w}$	[L]	Verschiebung senkrecht zur Schalenachse,
χ	—	Drehung der Meridiantangente.

Weitere Rechengrößen

E	$[K/L^2]$	Elastizitätsmodul,
μ	—	Querdehnungszahl,
$B = \dfrac{E\,t^3}{12\,(1-\mu^2)}$	[KL]	Schalenbiegesteifigkeit,
$\varkappa = \sqrt[4]{3\,(1-\mu^2)\,\dfrac{r^2}{t^2}}$		dimensionsloser Schalenparameter,
α_t	$\dfrac{1}{\text{Celsiusgrad}}$	Temperaturdehnungszahl,
$t(s)$	Celsiusgrad	über die Schalendicke gleichmäßige Erwärmung,
$\Delta\,t(s)$	Celsiusgrad	Temperaturänderung, über die Schalendicke linear veränderlich. Temperatur innen höher als außen.

Belastungsarten

p_E	[K/L²]	Eigengewicht der Schale je Einheit der Mittelfläche	lotrecht wirkend,
p_S	[K/L²]	Schneedruck je Einheit des Grundrisses der Mittelfläche	
p	[K/L²]	konstanter Druck je Einheit der Mittelfläche	senkrecht zur Mittelfläche wirkend,
γh	[K/L²]	hydrostatischer Druck je Einheit der Mittelfläche	
p_w	[K/L²]	Winddruck je Einheit der Mittelfläche	
P	[K/L]	Streckenrandlast in Richtung der Schalenachse wirkend,	
Q	[K/L]	Streckenrandlast senkrecht zur Schalenachse wirkend,	
M	[KL/L]	Streckenbiegemoment.	

Lastkomponenten und Schnittgrößen

p_x	[K/L²]	Flächenlastkomponenten nach Bild 59a,
p_y	[K/L²]	
p_z	[K/L²]	
N_ϑ	[K/L]	Streckenlängskräfte nach Bild 59b,
N_φ	[K/L]	
T	[K/L]	Streckenschubkräfte nach Bild 59b,
M_ϑ	[KL/L]	Streckenbiegemomente nach Bild 59c,
M_φ	[KL/L]	
Q_ϑ	[K/L]	Streckenquerkräfte nach Bild 59c.

Statt des Indexes ϑ steht bei den Zylinderschalen und Kegelschalen der Index s.

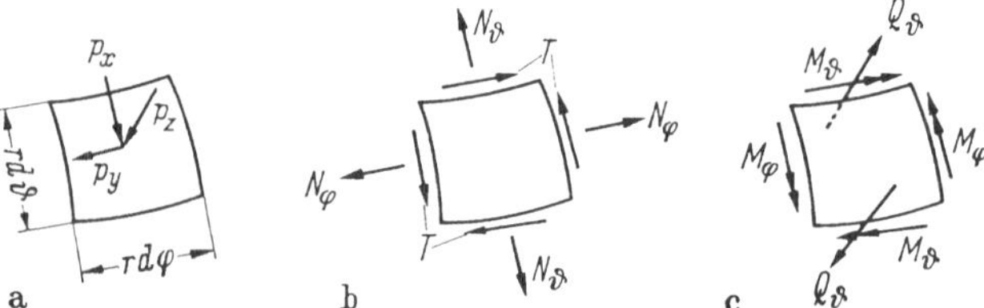

Bild 59a — c. Lastkomponenten und Schnittgrößen

A. Rotationsschalen mit rotationssymmetrischer Belastung

1. Kreiszylinderschale

Nr.	Systemskizzen	Schnittgrößen	Verformungen	Bemerkungen	Quellen
A 1.1	r, s Eigengewicht $p_x = p_E$	$N_S = -p_E\,s \qquad T = 0$ $N_\varphi = 0$	$u' = -\frac{p_E}{E\,t}\,s$ $w = -\mu\,\frac{p_E\,r}{E\,t}\,s \qquad \chi = -\mu\,\frac{p_E\,r}{E\,t}$		[11] S.760
2	s $p_z = p$	$N_S = 0 \qquad T = 0$ $N_\varphi = -p\,r$	$u' = \mu\,\frac{p\,r}{E\,t}$ $w = \frac{p\,r^2}{E\,t} \qquad \chi = 0$		
3	s, l, p $p_z = p\,\frac{s}{l}$	$N_S = 0 \qquad T = 0$ $N_\varphi = -p\,r\,\frac{s}{l}$	$u' = \mu\,\frac{p\,r}{E\,t}\,\frac{s}{l}$ $w = \frac{p\,r^2}{E\,t}\,\frac{s}{l} \qquad \chi = \frac{p\,r^2}{E\,t\,l}$		
4	s, l, p $p_z = p\,\sin\frac{n\,\pi\,s}{l}$ $n = \frac{1}{2}, 1, \frac{3}{2}, \ldots$	$N_S = 0 \qquad T = 0$ $N_\varphi = -p\,r\sin\frac{n\,\pi\,s}{l}$ $M_S = p\,r^2\,\frac{t^2}{12\,(1-\mu^2)}\left(\frac{n\,\pi}{l}\right)^2\sin\frac{n\,\pi\,s}{l}$ $M_\varphi = -\mu\,M_S$ $Q_S = p\,r^2\,\frac{t^2}{12\,(1-\mu^2)}\left(\frac{n\,\pi}{l}\right)^3\cos\frac{n\,\pi\,s}{l}$	$u' = \mu\,\frac{p\,r}{E\,t}\sin\frac{n\,\pi\,s}{l}$ $w = \frac{p\,r^2}{E\,t}\sin\frac{n\,\pi\,s}{l}$ $\chi = \frac{p\,r^2}{E\,t}\,\frac{n\,\pi}{l}\cos\frac{n\,\pi\,s}{l}$	S. Bemerkungen zu 1.5 und 1.6	[14] S. 67

1. Kreiszylinderschale (Fortsetzung)

Nr.	Systemskizzen	Schnittgrößen	Verformungen	Bemerkungen	Quellen
A 1.5	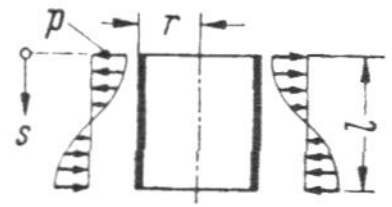 $p_z = -p \cos \frac{n \pi s}{l}$ $n = \frac{1}{2}, 1, \frac{3}{2}, \ldots$	$N_S = 0 \qquad T = 0$ $N_\varphi = p\, r \cos \frac{n \pi s}{l}$ $M_S = -p\, r^2 \frac{t^2}{12(1-\mu^2)} \left(\frac{n\pi}{l}\right)^2 \cos \frac{n \pi s}{l}$ $M_\varphi = -\mu\, M_S$ $Q_S = +p\, r^2 \frac{t^2}{12(1-\mu^2)} \left(\frac{n\pi}{l}\right)^3 \sin \frac{n \pi s}{l}$	$u' = -\mu \frac{p\, r}{E\, t} \cos \frac{n \pi s}{l}$ $w = -\frac{p\, r^2}{E\, t} \cos \frac{n \pi s}{l}$ $\chi = \frac{p\, r^2}{E\, t} \frac{n\pi}{l} \sin \frac{n \pi s}{l}$	Zur Erfüllung bestimmter Randbedingungen sind die Lastfälle 1.12 bis 1.15 passend zu überlagern	[*14*] S. 68
6	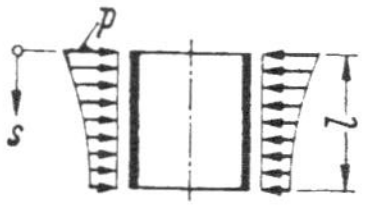 $p_z = p\, \mathrm{e}^{-\alpha \frac{s}{l}}$	$N_S = 0 \qquad T = 0$ $N_\varphi = -p\, r\, \mathrm{e}^{-\alpha \frac{s}{l}}$ $M_S = -p\, r^2 \frac{t^2}{12(1-\mu^2)} \left(\frac{\alpha}{l}\right)^2 \mathrm{e}^{-\alpha \frac{s}{l}}$ $M_\varphi = -\mu\, M_S$ $Q_S = +p\, r^2 \frac{t^2}{12(1-\mu^2)} \left(\frac{\alpha}{l}\right)^3 \mathrm{e}^{-\alpha \frac{s}{l}}$	$\chi = -\frac{p\, r^2}{E\, t} \frac{\alpha}{l} \mathrm{e}^{-\alpha \frac{s}{l}}$ $w = \frac{p\, r^2}{E\, t} \mathrm{e}^{-\alpha \frac{s}{l}}$ $u' = \mu \frac{p\, r}{E\, t} \mathrm{e}^{-\alpha \frac{s}{l}}$		
7	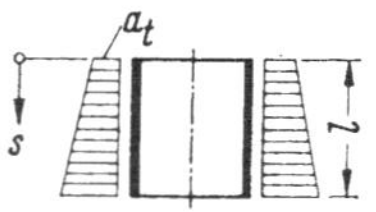 gleichm. Erwärmung $t(s) = a + b\, s$	$N_S = 0 \qquad T = 0$ $N_\varphi = 0$	$u' = \alpha_t (a + b\, s)$ $w = -r\, \alpha_t (a + b\, s) \quad \chi = -r\, \alpha_t\, b$		

1. Kreiszylinderschale (Fortsetzung)

Nr.	Systemskizzen	Schnittgrößen	Verformungen	Bemerkungen	Quellen
A 1.8	gleichm. Erwärmung $t(s) = c\,e^{-\lambda \frac{s}{l}}$	$N_S = N_\varphi = T = 0$ $M_S = B\,r \left(\frac{\lambda}{l}\right)^2 \alpha_t\,c\,e^{-\lambda \frac{s}{l}}$ $Q_S = B\,r \left(\frac{\lambda}{l}\right)^3 \alpha_t\,c\,e^{-\lambda \frac{s}{l}}$ $M_\varphi = -\mu M_S$	$u' = \alpha_t\,c\,e^{-\lambda \frac{s}{l}}$ $w = -r\,\alpha_t\,c\,e^{-\lambda \frac{s}{l}}$ $\chi = r \frac{\lambda}{l} \alpha_t\,c\,e^{-\lambda \frac{s}{l}}$		
9	Erwärmungsdifferenz $\Delta t(s) = a + b\,s$	$N_S = N_\varphi = T = 0$ $M_S = -M_\varphi = -(1+\mu) \frac{B}{t} \alpha_t (a + b\,s)$ $Q_S = (1+\mu) \frac{B}{t} \alpha_t\,b$	$u' = 0$ $w = 0$ $\chi = 0$	Zur Erfüllung bestimmter Randbedingungen sind die Lastfälle 1.12 bis 1.15 passend zu überlagern	[*14*] S. 69, 130 ff.
10	Erwärmungsdifferenz $\Delta t(s) = c\,e^{-\lambda \frac{s}{l}}$	$N_S = N_\varphi = T = 0$ $M_s = -M_\varphi = -(1+\mu) \times$ $\times \frac{B}{t} \alpha_t\,c\,e^{-\lambda \frac{s}{l}}$ $Q_S = (1+\mu) \frac{B}{t} \frac{\lambda}{l} \alpha_t\,c\,e^{-\lambda \frac{s}{l}}$	$u' = 0$ $w = 0$ $\chi = 0$		

1. Kreiszylinderschale (Fortsetzung)

Nr.	Systemskizzen	Schnittgrößen	Verformungen	Quellen
A 1.11	Streckenrandlast P	$N_S = -P$ $N_\varphi = 0$ $T = 0$	$u' = -\frac{P}{Et}$ $w = -\mu \frac{Pr}{Et}$ $\chi = 0$	[11] S.760
12	Streckenrandlast Q am oberen Rand	$N_S = 0$ $N_\varphi = -Et\frac{w}{r}$ $T = 0$ $M_S = Q\frac{r}{\varkappa} e^{-\varkappa\frac{s}{r}} \sin\varkappa\frac{s}{r}$ $M_\varphi = -\mu M_S$ $Q_S = Q e^{-\varkappa\frac{s}{r}} \left[\cos\varkappa\frac{s}{r} - \sin\varkappa\frac{s}{r}\right]$	$u' = -\mu\frac{2Q}{Et}\varkappa e^{-\varkappa\frac{s}{r}} \cos\varkappa\frac{s}{r}$ $w = -\frac{2Q}{Et} r\varkappa e^{-\varkappa\frac{s}{r}} \cos\varkappa\frac{s}{r}$ $\chi = \frac{2Q}{Et}\varkappa^2 e^{-\varkappa\frac{s}{r}} \left[\cos\varkappa\frac{s}{r} + \sin\varkappa\frac{s}{r}\right]$	S.47 ff.
13	Streckenrandmoment M am oberen Rand	$N_S = 0$ $N_\varphi = -Et\frac{w}{r}$ $T = 0$ $M_S = M e^{-\varkappa\frac{s}{r}} \left[\cos\varkappa\frac{s}{r} + \sin\varkappa\frac{s}{r}\right]$ $M_\varphi = -\mu M_S$ $Q_S = -2M\frac{\varkappa}{r} e^{-\varkappa\frac{s}{r}} \sin\varkappa\frac{s}{r}$	$u' = -\mu\frac{2M}{Et}\frac{\varkappa^2}{r} e^{-\varkappa\frac{s}{r}} \left[\cos\varkappa\frac{s}{r} - \sin\varkappa\frac{s}{r}\right]$ $w = -\frac{2M}{Et}\varkappa^2 e^{-\varkappa\frac{s}{r}} \left[\cos\varkappa\frac{s}{r} - \sin\varkappa\frac{s}{r}\right]$ $\chi = \frac{4M}{Et}\frac{\varkappa^3}{r} e^{-\varkappa\frac{s}{r}} \cos\varkappa\frac{s}{r}$	S.47 ff.

1. Kreiszylinderschale (Fortsetzung)

Nr.	Systemskizzen	Schnittgrößen	Verformungen	Quellen
A 1.14	$\bar{s}$, Q Streckenrandlast Q am unteren Rand	$M_S = -Q\frac{r}{\varkappa}e^{-\varkappa\frac{\bar{s}}{r}}\sin\varkappa\frac{\bar{s}}{r}$ $M_\varphi = -\mu M_S$ $Q_S = Q e^{-\varkappa\frac{\bar{s}}{r}}\left[\cos\varkappa\frac{\bar{s}}{r} - \sin\varkappa\frac{\bar{s}}{r}\right]$ $N_S = 0 \quad T = 0$ $N_\varphi = -2Q\varkappa e^{-\varkappa\frac{\bar{s}}{r}}\cos\varkappa\frac{\bar{s}}{r}$	$u' = \mu\frac{2Q}{Et}\varkappa e^{-\varkappa\frac{\bar{s}}{r}}\cos\varkappa\frac{\bar{s}}{r}$ $w = \frac{2Q}{Et}\varkappa r e^{-\varkappa\frac{\bar{s}}{r}}\cos\varkappa\frac{\bar{s}}{r}$ $\chi = \frac{2Q}{Et}\varkappa^2 e^{-\varkappa\frac{\bar{s}}{r}}\left[\cos\varkappa\frac{\bar{s}}{r} + \sin\varkappa\frac{\bar{s}}{r}\right]$	S. 66
15	$\bar{s}$, M Streckenrandmoment M am unteren Rand	$M_S = M e^{-\varkappa\frac{\bar{s}}{r}}\left[\cos\varkappa\frac{\bar{s}}{r} + \sin\varkappa\frac{\bar{s}}{r}\right]$ $M_\varphi = -\mu M_S$ $Q_S = 2M\frac{\varkappa}{r}e^{-\varkappa\frac{\bar{s}}{r}}\sin\varkappa\frac{\bar{s}}{r}$ $N_S = 0 \quad T = 0$ $N_\varphi = 2M\frac{\varkappa^2}{r}e^{-\varkappa\frac{\bar{s}}{r}}\left[\cos\varkappa\frac{\bar{s}}{r} - \sin\varkappa\frac{\bar{s}}{r}\right]$	$u' = -\mu\frac{2M}{Et}\frac{\varkappa^2}{r}e^{-\varkappa\frac{\bar{s}}{r}}\left[\cos\varkappa\frac{\bar{s}}{r} - \sin\varkappa\frac{\bar{s}}{r}\right]$ $w = -\frac{2M}{Et}\varkappa^2 e^{-\varkappa\frac{\bar{s}}{r}}\left[\cos\varkappa\frac{\bar{s}}{r} - \sin\varkappa\frac{\bar{s}}{r}\right]$ $\chi = -\frac{4M}{Et}\frac{\varkappa^3}{r}e^{-\varkappa\frac{\bar{s}}{r}}\cos\varkappa\frac{\bar{s}}{r}$	

2. Kegelschale

Nr.	Systemskizzen	Schnittgrößen	Verformungen	Quellen
A 2.1	$p_x = p_E \sin\vartheta \quad p_z = p_E \cos\vartheta$	$N_s = -\frac{p_E}{2\sin\vartheta}\, s\left[1-\frac{s_0^2}{s^2}\right]$ $N_\varphi = -\frac{p_E}{\sin\vartheta}\, s\cos^2\vartheta$ $T = 0$	$u' = -\frac{p_E}{Et}\frac{s}{\sin\vartheta}\left[\frac{1}{2}\left(1-\frac{s_0^2}{s^2}\right)-\mu\cos^2\vartheta\right]$ $\overline{w} = \frac{p_E}{Et}\, s^2\cot\vartheta\left[\cos^2\vartheta-\frac{\mu}{2}\left(1-\frac{s_0^2}{s^2}\right)\right]$ $\chi = -\frac{p_E}{Et}\, s\,\frac{\cos\vartheta}{\sin^2\vartheta}\left[\frac{1}{2}\left(1-\frac{s_0^2}{s^2}\right)+\mu-(2+\mu)\cos^2\vartheta\right]$	S.26 ff. [13] S.42ff.
2	$p_x = p_E \sin\vartheta \quad p_z = p_E \cos\vartheta$	$N_s = \frac{p_E}{2\sin\vartheta}\, s\left[\frac{l^2}{s^2}-1\right]$ $N_\varphi = -\frac{p_E}{\sin\vartheta}\, s\cos^2\vartheta$ $T = 0$	$u' = \frac{p_E}{Et}\frac{s}{\sin\vartheta}\left[\frac{1}{2}\left(\frac{l^2}{s^2}-1\right)+\mu\cos^2\vartheta\right]$ $\overline{w} = \frac{p_E}{Et}\, s^2\cot\vartheta\left[\cos^2\vartheta+\frac{\mu}{2}\left(\frac{l^2}{s^2}-1\right)\right]$ $\chi = \frac{p_E}{Et}\, s\,\frac{\cos\vartheta}{\sin^2\vartheta}\left[\frac{1}{2}\left(\frac{l^2}{s^2}-1\right)-\mu+(2+\mu)\cos^2\vartheta\right]$	
3	$p_x = p_S \sin\vartheta\cos\vartheta \quad p_z = p_S \cos^2\vartheta$	$N_s = -\frac{p_S}{2}\, s\cot\vartheta\left[1-\frac{s_0^2}{s^2}\right]$ $N_\varphi = -\frac{p_S}{\sin\vartheta}\, s\cos^3\vartheta$ $T = 0$	$u' = -\frac{p_S}{Et}\, s\cot\vartheta\left[\frac{1}{2}\left(1-\frac{s_0^2}{s^2}\right)-\mu\cos^2\vartheta\right]$ $\overline{w} = \frac{p_S}{Et}\, s^2\frac{\cos^2\vartheta}{\sin\vartheta}\left[\cos^2\vartheta-\frac{\mu}{2}\left(1-\frac{s_0^2}{s^2}\right)\right]$ $\chi = -\frac{p_S}{Et}\, s\cot^2\vartheta\left[\frac{1}{2}\left(1-\frac{s_0^2}{s^2}\right)+\mu-(2+\mu)\cos^2\vartheta\right]$	[11] S. 757 [13] S.42ff.
4	$p_x = p_S \sin\vartheta\cos\vartheta \quad p_z = p_S \cos^2\vartheta$	$N_s = \frac{p_S}{2}\, s\cot\vartheta\left[\frac{l^2}{s^2}-1\right]$ $N_\varphi = -\frac{p_S}{\sin\vartheta}\, s\cos^3\vartheta$ $T = 0$	$u' = \frac{p_S}{Et}\, s\cot\vartheta\left[\frac{1}{2}\left(\frac{l^2}{s^2}-1\right)+\mu\cos^2\vartheta\right]$ $\overline{w} = \frac{p_S}{Et}\, s^2\frac{\cos^2\vartheta}{\sin\vartheta}\left[\cos^2\vartheta+\frac{\mu}{2}\left(\frac{l^2}{s^2}-1\right)\right]$ $\chi = \frac{p_S}{Et}\, s\cot^2\vartheta\left[\frac{1}{2}\left(\frac{l^2}{s^2}-1\right)+\mu-(2+\mu)\cos^2\vartheta\right]$	

2. Kegelschale (Fortsetzung)

Nr.	Systemskizzen	Schnittgrößen	Verformungen	Quellen
A 2.5	$p_z = p$	$N_S = -\frac{p}{2}\, s\left[1 - \frac{s_0^2}{s^2}\right]\cot\vartheta$ $N_\varphi = -p\, s\cot\vartheta$ $T = 0$	$u' = -\frac{p}{E\,t}\, s\cot\vartheta\left[\frac{1}{2}\left(1 - \frac{s_0^2}{s^2}\right) - \mu\right]$ $\overline{w} = \frac{p}{E\,t}\, s^2\,\frac{\cos^2\vartheta}{\sin\vartheta}\left[1 - \frac{\mu}{2}\left(1 - \frac{s_0^2}{s^2}\right)\right]$ $\chi = \frac{p}{E\,t}\, s\cot^2\vartheta\left[\frac{3}{2} + \frac{1}{2}\,\frac{s_0^2}{s^2}\right]$	[10] S. 252 [13] S.42ff.
6	$p_z = p$	$N_S = +\frac{p}{2}\, s\left[\frac{l^2}{s^2} - 1\right]\cot\vartheta$ $N_\varphi = -p\, s\cot\vartheta$ $T = 0$	$u' = \frac{p}{E\,t}\, s\cot\vartheta\left[\frac{1}{2}\left(\frac{l^2}{s^2} - 1\right) + \mu\right]$ $\overline{w} = \frac{p}{E\,t}\, s^2\,\frac{\cos^2\vartheta}{\sin\vartheta}\left[1 + \frac{\mu}{2}\left(\frac{l^2}{s^2} - 1\right)\right]$ $\chi = \frac{p}{E\,t}\, s\cot^2\vartheta\left[\frac{3}{2} + \frac{1}{2}\,\frac{l^2}{s^2}\right]$	
7	$p_z = \gamma\,(s - s_0)\sin\vartheta$	$N_S = -\gamma\, s^2\cos\vartheta\left[\frac{1}{6}\,\frac{s_0^3}{s^3} - \frac{1}{2}\,\frac{s_0}{s} + \frac{1}{3}\right]$ $N_\varphi = -\gamma\, s^2\cos\vartheta\left[1 - \frac{s_0}{s}\right]$ $T = 0$	$u' = -\frac{\gamma}{E\,t}\, s^2\cos\vartheta\left[\frac{1}{6}\,\frac{s_0^3}{s^3} - \left(\frac{1}{2} - \mu\right)\frac{s_0}{s} + \frac{1}{3} - \mu\right]$ $\overline{w} = \frac{\gamma}{E\,t}\, s^3\cos^2\vartheta\left[1 - \frac{\mu}{3} - \left(1 - \frac{\mu}{2}\right)\frac{s_0}{s} - \frac{\mu}{6}\,\frac{s_0^3}{s^3}\right]$ $\chi = -\frac{\gamma}{E\,t}\, s^2\,\frac{\cos^2\vartheta}{\sin\vartheta}\left[\frac{1}{6}\,\frac{s_0^3}{s^3} + \frac{3}{2}\,\frac{s_0}{s} - \frac{8}{3}\right]$	[11] S. 757 [13] S.42ff. [9] S. 76
8	$p_z = -\gamma\,(l - s)\sin\vartheta$	$N_S = \gamma\, s^2\cos\vartheta\left[\frac{1}{2}\,\frac{l}{s} - \frac{1}{3}\right]$ $N_\varphi = \gamma\, s^2\cos\vartheta\left[\frac{l}{s} - 1\right]$ $T = 0$	$u' = \frac{\gamma}{E\,t}\, s^2\cos\vartheta\left[\left(\frac{1}{2} - \mu\right)\frac{l}{s} - \frac{1}{3} + \mu\right]$ $\overline{w} = -\frac{\gamma}{E\,t}\, s^3\cos^2\vartheta\left[\left(1 - \frac{\mu}{2}\right)\frac{l}{s} - 1 + \frac{\mu}{3}\right]$ $\chi = \frac{\gamma}{E\,t}\, s^2\,\frac{\cos^2\vartheta}{\sin\vartheta}\left[\frac{8}{3} - \frac{3}{2}\,\frac{l}{s}\right]$	

2. Kegelschale (Fortsetzung)

Nr.	Systemskizzen	Schnittgrößen	Verformungen	Bemerkungen	Quellen
A 2.9	gleichm. Erwärmung $t(s) = a + b\,s$	$N_s = N_\varphi = T = 0$ $M_s = M_\varphi = Q_s = 0$	$u' = \alpha_t\,(a + b\,s)$ $\overline{w} = -\,\alpha_t\,(a + b\,s)\,s\cos\vartheta$ $\chi = -\,\alpha_t b\,s\cot\vartheta$		[13] S. 114ff.
10	gleichm. Erwärmung $t(s) = c\,s^2$	$N_s = N_\varphi = -\,6\,B\,\alpha_t\,c\cot^2\vartheta$ $T = 0$ $M_s = 2\,(2 + \mu)\,B\,\alpha_t\,c\,s\cot\vartheta$ $M_\varphi = -\,2\,(1 + 2\mu)\,B\,\alpha_t\,c\,s\cot\vartheta$ $Q_s = 6\,B\,\alpha_t\,c\cot\vartheta$	$u' = \alpha_t\,c\,s^2$ $\overline{w} = -\,\alpha_t\,c\,s^3\cos\vartheta$ $\chi = -\,2\,\alpha_t\,c\,s^2\cot\vartheta$	Zur Erfüllung bestimmter Randbedingungen sind die Lastfälle 2.12 bis 2.16 passend zu überlagern	
11	Erwärmungsdifferenz $\Delta t(s) = a + b\,s$	$N_s = N_\varphi = -\,(1 + \mu)\,\frac{B}{t}\,\alpha_t\,b\cot\vartheta$ $T = 0$ $M_s = -\,M_\varphi$ $= -\,(1 + \mu)\,\frac{B}{t}\,\alpha_t\,(a + b\,s)$ $Q_s = (1 + \mu)\,\frac{B}{t}\,\alpha_t\,b$	$u' = -\,\alpha_t\,b\,\frac{t}{12}\cot\vartheta$ $\overline{w} = \alpha_t\,b\,\frac{t}{12}\,s\,\frac{\cos^2\vartheta}{\sin\vartheta}$ $\chi = 0$		[13] S. 118

2. Kegelschale (Fortsetzung)

Nr.	Systemskizzen	Schnittgrößen	Verformungen	Bemerkungen	Quellen
A 2.12	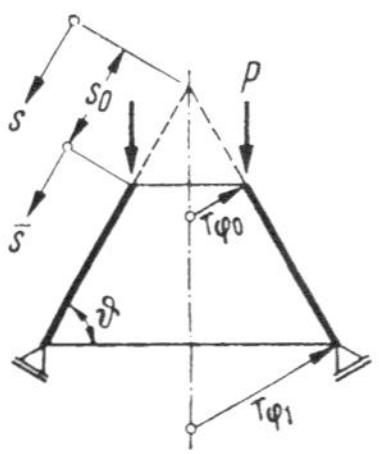 Streckenrandlast P	$M_S = -P\cos\vartheta\,\frac{r_{\varphi_0}}{\varkappa_0}\,e^{-\varkappa_0\frac{\bar{s}}{r_{\varphi_0}}}\sin\varkappa_0\frac{\bar{s}}{r_{\varphi_0}}$ $M_\varphi = -\frac{P\cos^2\vartheta}{2r_\varphi\sin\vartheta}\,\frac{r_{\varphi_0}^2}{\varkappa_0^2}\,e^{-\varkappa_0\frac{\bar{s}}{r_{\varphi_0}}}\times$ $\times\left[\cos\varkappa_0\frac{\bar{s}}{r_{\varphi_0}}+\sin\varkappa_0\frac{\bar{s}}{r_{\varphi_0}}\right]-\mu M_S$ $Q_S = -P\cos\vartheta\,e^{-\varkappa_0\frac{\bar{s}}{r_{\varphi_0}}}\left[\cos\varkappa_0\frac{\bar{s}}{r_{\varphi_0}}-\sin\varkappa_0\frac{\bar{s}}{r_{\varphi_0}}\right]$ $N_S = -\frac{P}{\sin\vartheta}\,\frac{s_0}{s}-Q_S\cot\vartheta \qquad T=0$ $N_\varphi = -2P\cos\vartheta\,\frac{\varkappa_0}{r_{\varphi_0}}\,r_\varphi\,e^{-\varkappa_0\frac{\bar{s}}{r_{\varphi_0}}}\cos\varkappa_0\frac{\bar{s}}{r_{\varphi_0}}$	$u' = -\frac{P}{Et\sin\vartheta}\left[\frac{s_0}{s}-2\mu s\cos^2\vartheta\times\right.$ $\left.\times\frac{\varkappa_0}{r_{\varphi_0}}\,e^{-\varkappa_0\frac{\bar{s}}{r_{\varphi_0}}}\cos\varkappa_0\frac{\bar{s}}{r_{\varphi_0}}\right]$ $\overline{w} = -\frac{P}{Et}\left[\mu s_0\cot\vartheta-2s_0\times\right.$ $\left.\times\cos^2\vartheta\,\frac{\varkappa_0}{r_{\varphi_0}}\,r_\varphi\,e^{-\varkappa_0\frac{\bar{s}}{r_{\varphi_0}}}\cos\varkappa_0\frac{\bar{s}}{r_{\varphi_0}}\right]$ $\chi = -\frac{P\cos\vartheta}{Et}\left[\frac{s_0}{s\sin^2\vartheta}+\right.$ $+2\varkappa_0^2\,e^{-\varkappa_0\frac{\bar{s}}{r_{\varphi_0}}}\left(\cos\varkappa_0\frac{\bar{s}}{r_{\varphi_0}}+\right.$ $\left.\left.+\sin\varkappa_0\frac{\bar{s}}{r_{\varphi_0}}\right)\right]$	$\varkappa_0 = \sqrt[4]{3(1-\mu^2)\frac{r_{\varphi_0}^2}{t^2}}$	S. 26 S. 66
13	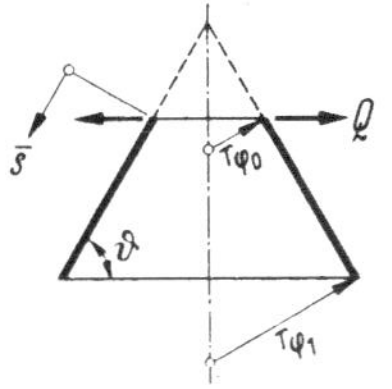 Streckenrandlast Q am oberen Rand	$M_S = Q\sin\vartheta\,\frac{r_{\varphi_0}}{\varkappa_0}\,e^{-\varkappa_0\frac{\bar{s}}{r_{\varphi_0}}}\sin\varkappa_0\frac{\bar{s}}{r_{\varphi_0}}$ $M_\varphi = \frac{Q\cos\vartheta}{2r_\varphi}\,\frac{r_{\varphi_0}^2}{\varkappa_0^2}\,e^{-\varkappa_0\frac{\bar{s}}{r_{\varphi_0}}}\times$ $\times\left[\cos\varkappa_0\frac{\bar{s}}{r_{\varphi_0}}+\sin\varkappa_0\frac{\bar{s}}{r_{\varphi_0}}\right]-\mu M_S$ $Q_S = Q\sin\vartheta\,e^{-\varkappa_0\frac{\bar{s}}{r_{\varphi_0}}}\left[\cos\varkappa_0\frac{\bar{s}}{r_{\varphi_0}}-\sin\varkappa_0\frac{\bar{s}}{r_{\varphi_0}}\right]$ $N_S = -Q_S\cot\vartheta \qquad T=0$ $N_\varphi = 2Q\sin\vartheta\,\frac{\varkappa_0}{r_{\varphi_0}}\,r_\varphi\,e^{-\varkappa_0\frac{\bar{s}}{r_{\varphi_0}}}\cos\varkappa_0\frac{\bar{s}}{r_{\varphi_0}}$	$u' = -\mu\,\frac{2Q\sin\vartheta}{Et}\,\frac{\varkappa_0}{r_{\varphi_0}}\,r_\varphi\times$ $\times\,e^{-\varkappa_0\frac{\bar{s}}{r_{\varphi_0}}}\cos\varkappa_0\frac{\bar{s}}{r_{\varphi_0}}$ $\overline{w} = -\frac{2Q\sin^2\vartheta}{Et}\times$ $\times\,\varkappa_0 r_\varphi\,e^{-\varkappa_0\frac{\bar{s}}{r_{\varphi_0}}}\cos\varkappa_0\frac{\bar{s}}{r_{\varphi_0}}$ $\chi = \frac{2Q\sin\vartheta}{Et}\,\varkappa_0^2\,e^{-\varkappa_0\frac{\bar{s}}{r_{\varphi_0}}}\times$ $\times\left[\cos\varkappa_0\frac{\bar{s}}{r_{\varphi_0}}+\sin\varkappa_0\frac{\bar{s}}{r_{\varphi_0}}\right]$		

2. Kegelschale (Fortsetzung)

Nr.	Systemskizze	Schnittgrößen	Verformungen	Bemerkungen	Quellen
A 2.14	Streckenrandmoment M am oberen Rand	$M_s = M\,e^{-\varkappa_0 \frac{\bar{s}}{r_{\varphi_0}}}\left[\cos\varkappa_0 \frac{\bar{s}}{r_{\varphi_0}} + \sin\varkappa_0 \frac{\bar{s}}{r_{\varphi_0}}\right]$ $M_\varphi = \frac{M\cot\vartheta}{r_\varphi}\,\frac{r_{\varphi_0}}{\varkappa_0}\,e^{-\varkappa_0 \frac{\bar{s}}{r_{\varphi_0}}}\cos\varkappa_0 \frac{\bar{s}}{r_{\varphi_0}} - \mu M_s$ $Q_s = -2M\,\frac{\varkappa_0}{r_{\varphi_0}}\,e^{-\varkappa_0 \frac{\bar{s}}{r_{\varphi_0}}}\sin\varkappa_0 \frac{\bar{s}}{r_{\varphi_0}}$ $N_s = -Q_s\cot\vartheta \qquad T = 0$ $N_\varphi = 2M\,\frac{\varkappa_0^2}{r_{\varphi_0}^2}\,r_\varphi\,e^{-\varkappa_0 \frac{\bar{s}}{r_{\varphi_0}}}\left[\cos\varkappa_0 \frac{\bar{s}}{r_{\varphi_0}} - \sin\varkappa_0 \frac{\bar{s}}{r_{\varphi_0}}\right]$	$u' = -\mu\,\frac{2M}{Et}\,\frac{\varkappa_0^2}{r_{\varphi_0}^2}\,r_\varphi\,e^{-\varkappa_0 \frac{\bar{s}}{r_{\varphi_0}}}$ $\times\left[\cos\varkappa_0 \frac{\bar{s}}{r_{\varphi_0}} - \sin\varkappa_0 \frac{\bar{s}}{r_{\varphi_0}}\right]$ $\overline{w} = -\frac{2M\sin\vartheta}{Et}\,\varkappa_0^2\,\frac{r_\varphi}{r_{\varphi 0}}\,e^{-\varkappa_0 \frac{\bar{s}}{r_{\varphi_0}}}$ $\times\left[\cos\varkappa_0 \frac{\bar{s}}{r_{\varphi_0}} - \sin\varkappa_0 \frac{\bar{s}}{r_{\varphi_0}}\right]$ $\chi = \frac{4M}{Et}\,\frac{\varkappa_0^3}{r_{\varphi 0}}\,e^{-\varkappa_0 \frac{\bar{s}}{r_{\varphi_0}}}\cos\varkappa_0 \frac{\bar{s}}{r_{\varphi_0}}$	$\varkappa_0 = \sqrt[4]{3(1-\mu^2)\frac{r_{\varphi 0}^2}{t^2}}$	S. 26 u. S. 66

2. Kegelschale (Fortsetzung)

Nr.	Systemskizzen	Schnittgrößen	Verformungen	Bemerkungen	Quellen
A 2.15	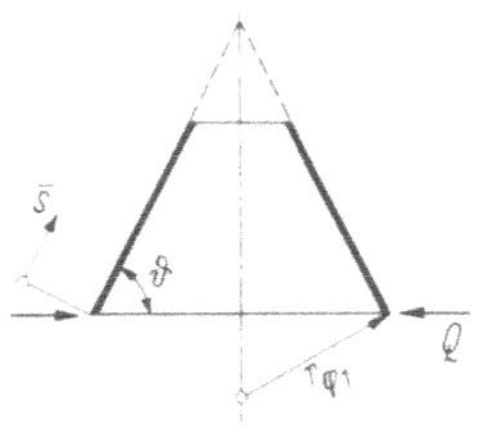 Streckenrandlast Q am unteren Rand	$M_S = -Q\sin\vartheta \frac{r_{\varphi 1}}{\varkappa_1} e^{-\varkappa_1 \frac{\bar s}{r_{\varphi 1}}} \sin\varkappa_1 \frac{\bar s}{r_{\varphi 1}}$ $M_\varphi = \frac{Q\cos\vartheta}{2 r_\varphi} \frac{r_{\varphi 1}^2}{\varkappa_1^2} e^{-\varkappa_1 \frac{\bar s}{r_{\varphi 1}}} \times$ $\times \left[\cos\varkappa_1 \frac{\bar s}{r_{\varphi 1}} + \sin\varkappa_1 \frac{\bar s}{r_{\varphi 1}}\right] - \mu M_S$ $Q_S = Q\sin\vartheta\, e^{-\varkappa_1 \frac{\bar s}{r_{\varphi 1}}} \left[\cos\varkappa_1 \frac{\bar s}{r_{\varphi 1}} - \sin\varkappa_1 \frac{\bar s}{r_{\varphi 1}}\right]$ $N_S = -Q_S \cot\vartheta \qquad T = 0$ $N_\varphi = -2Q\sin\vartheta \frac{\varkappa_1}{r_{\varphi 1}} r_\varphi e^{-\varkappa_1 \frac{\bar s}{r_{\varphi 1}}} \cos\varkappa_1 \frac{\bar s}{r_{\varphi 1}}$	$u' = \mu \frac{2Q\sin\vartheta}{Et} \frac{\varkappa_1}{r_{\varphi 1}} r_\varphi \times$ $\times e^{-\varkappa_1 \frac{\bar s}{r_{\varphi 1}}} \cos\varkappa_1 \frac{\bar s}{r_{\varphi 1}}$ $\bar w = \frac{2Q\sin^2\vartheta}{Et} \varkappa_1 r_\varphi \times$ $\times e^{-\varkappa_1 \frac{\bar s}{r_{\varphi 1}}} \cos\varkappa_1 \frac{\bar s}{r_{\varphi 1}}$ $\chi = \frac{2Q\sin\vartheta}{Et} \varkappa_1^2 e^{-\varkappa_1 \frac{\bar s}{r_{\varphi 1}}} \times$ $\times \left[\cos\varkappa_1 \frac{\bar s}{r_{\varphi 1}} + \sin\varkappa_1 \frac{\bar s}{r_{\varphi 1}}\right]$	$\varkappa_1 = \sqrt[4]{3(1-\mu^2)\frac{r_{\varphi 1}^2}{t^2}}$	S. 66
16	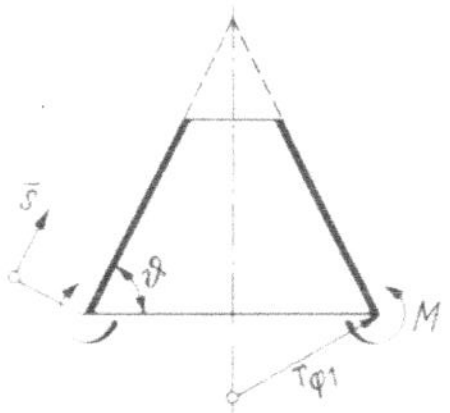 Streckenrandmoment M am unteren Rand	$M_S = M e^{-\varkappa_1 \frac{\bar s}{r_{\varphi 1}}} \left[\cos\varkappa_1 \frac{\bar s}{r_{\varphi 1}} + \sin\varkappa_1 \frac{\bar s}{r_{\varphi 1}}\right]$ $M_\varphi = -\frac{M\cot\vartheta}{r_\varphi} \frac{r_{\varphi 1}}{\varkappa_1} e^{-\varkappa_1 \frac{\bar s}{r_{\varphi 1}}} \cos\varkappa_1 \frac{\bar s}{r_{\varphi 1}} - \mu M_S$ $Q_S = 2M \frac{\varkappa_1}{r_{\varphi 1}} e^{-\varkappa_1 \frac{\bar s}{r_{\varphi 1}}} \sin\varkappa_1 \frac{\bar s}{r_{\varphi 1}}$ $N_S = -Q_S \cot\vartheta \qquad T = 0$ $N_\varphi = 2M \frac{\varkappa_1^2}{r_{\varphi 1}^2} r_\varphi e^{-\varkappa_1 \frac{\bar s}{r_{\varphi 1}}} \left[\cos\varkappa_1 \frac{\bar s}{r_{\varphi 1}} - \sin\varkappa_1 \frac{\bar s}{r_{\varphi 1}}\right]$	$u' = -\mu \frac{2M}{Et} \frac{\varkappa_1^2}{r_{\varphi 1}^2} r_\varphi e^{-\varkappa_1 \frac{\bar s}{r_{\varphi 1}}} \times$ $\times \left[\cos\varkappa_1 \frac{\bar s}{r_{\varphi 1}} - \sin\varkappa_1 \frac{\bar s}{r_{\varphi 1}}\right]$ $\bar w = -\frac{2M\sin\vartheta}{Et} \varkappa_1^2 \frac{r_\varphi}{r_{\varphi 1}} e^{-\varkappa_1 \frac{\bar s}{r_{\varphi 1}}} \times$ $\times \left[\cos\varkappa_1 \frac{\bar s}{r_{\varphi 1}} - \sin\varkappa_1 \frac{\bar s}{r_{\varphi 1}}\right]$ $\chi = -\frac{4M}{Et} \frac{\varkappa_1^3}{r_{\varphi 1}} e^{-\varkappa_1 \frac{\bar s}{r_{\varphi 1}}} \cos\varkappa_1 \frac{\bar s}{r_{\varphi 1}}$		

3. Kugelschale

Nr.	Systemskizzen	Schnittgrößen	Verformungen	Quellen
A 3.1	$p_x = p_E \sin\vartheta$ $p_z = p_E \cos\vartheta$	$N_\vartheta = -p_E\, r \dfrac{\cos\vartheta_0 - \cos\vartheta}{\sin^2\vartheta}$ $N_\varphi = p_E\, r \left[\dfrac{\cos\vartheta_0 - \cos\vartheta}{\sin^2\vartheta} - \cos\vartheta\right]$ $T = 0$	$\overline{w} = -\dfrac{p_E r^2}{E t}\left[(1+\mu)\dfrac{\cos\vartheta_0 - \cos\vartheta}{\sin^2\vartheta} - \cos\vartheta\right]\sin\vartheta$ $\chi = -\dfrac{p_E r}{E t}(2+\mu)\sin\vartheta$	*[4]* S. 27
2	$p_x = p_S \sin\vartheta\cos\vartheta$ $p_z = p_S \cos^2\vartheta$	$N_\vartheta = -p_S \dfrac{r}{2}\left[1 - \dfrac{\sin^2\vartheta_0}{\sin^2\vartheta}\right]$ $N_\varphi = p_S \dfrac{r}{2}\left[1 - \dfrac{\sin^2\vartheta_0}{\sin^2\vartheta} - 2\cos^2\vartheta\right]$ $T = 0$	$\overline{w} = -\dfrac{p_S r^2}{2 E t}\left[(1+\mu)\left(1 - \dfrac{\sin^2\vartheta_0}{\sin^2\vartheta}\right) - 2\cos^2\vartheta\right]\sin\vartheta$ $\chi = -\dfrac{p_S r}{E t}(3+\mu)\sin\vartheta\cos\vartheta$	*[11]* S. 751
3	$p_z = p$	$N_\vartheta = -p\dfrac{r}{2}\left[1 - \dfrac{\sin^2\vartheta_0}{\sin^2\vartheta}\right]$ $N_\varphi = -p\dfrac{r}{2}\left[1 + \dfrac{\sin^2\vartheta_0}{\sin^2\vartheta}\right]$ $T = 0$	$\overline{w} = \dfrac{p r^2}{2 E t}\left[1 - \mu + (1+\mu)\dfrac{\sin^2\vartheta_0}{\sin^2\vartheta}\right]\sin\vartheta$ $\chi = 0$	*[10]* S. 251
4	$p_z = \gamma\, r(\cos\vartheta_0 - \cos\vartheta)$	$N_\vartheta = -\gamma r^2\left[\dfrac{1}{2}\cos\vartheta_0\left(1 - \dfrac{\sin^2\vartheta_0}{\sin^2\vartheta}\right) + \right.$ $\left. + \dfrac{1}{3}\dfrac{\cos^3\vartheta - \cos^3\vartheta_0}{\sin^2\vartheta}\right]$ $N_\varphi = +\gamma r^2\left[\dfrac{1}{2}\cos\vartheta_0\left(1 - \dfrac{\sin^2\vartheta_0}{\sin^2\vartheta}\right) + \right.$ $+ \dfrac{1}{3}\dfrac{\cos^3\vartheta - \cos^3\vartheta_0}{\sin^2\vartheta} +$ $\left. + \cos\vartheta - \cos\vartheta_0\right]$ $T = 0$	$\overline{w} = -\dfrac{\gamma r^3}{E t}\left[\dfrac{1}{2}\cos\vartheta_0\left(1 - \dfrac{\sin^2\vartheta_0}{\sin^2\vartheta}\right)(1+\mu) + \right.$ $\left. + \dfrac{1}{3}(1+\mu)\dfrac{\cos^3\vartheta - \cos^3\vartheta_0}{\sin^2\vartheta} + \cos\vartheta_0 - \cos\vartheta\right]\sin\vartheta$ $\chi = \dfrac{\gamma r^2}{E t}\sin\vartheta$	*[9]* S. 75

3. Kugelschale (Fortsetzung)

Nr.	Systemskizzen	Schnittgrößen	Verformungen	Bemerkungen	Quellen
A 3.5	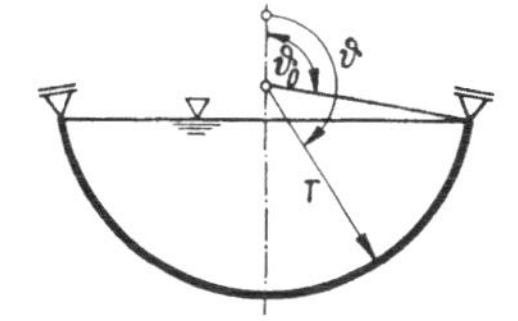 $p_z = -\gamma r(\cos\vartheta_0 - \cos\vartheta)$	$N_\vartheta = \frac{\gamma r^2}{6}\left[3\cos\vartheta_0 + 2\,\frac{1+\cos^3\vartheta}{\sin^2\vartheta}\right]$ $N_\varphi = \gamma r^2(\cos\vartheta_0 - \cos\vartheta) - N_\vartheta$ $T = 0$	$\overline{w} = \frac{\gamma r^3}{E t}\left[\frac{1+\mu}{6}\left(3\cos\vartheta_0 + 2\,\frac{1+\cos^3\vartheta}{\sin^2\vartheta}\right) - \cos\vartheta_0 + \cos\vartheta\right]\sin\vartheta$ $\chi = -\frac{\gamma r^2}{E t}\sin\vartheta$		[9] S. 75
6	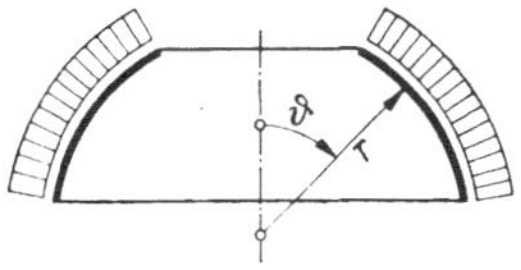 gleichm. Erwärmung $t(\vartheta) = c$	$N_\vartheta = N_\varphi = T = 0$ $M_\vartheta = M_\varphi = Q_\vartheta = 0$	$\overline{w} = -\alpha_t\, c\, r\sin\vartheta$ $\chi = 0$		[13] S. 266 ff.
7	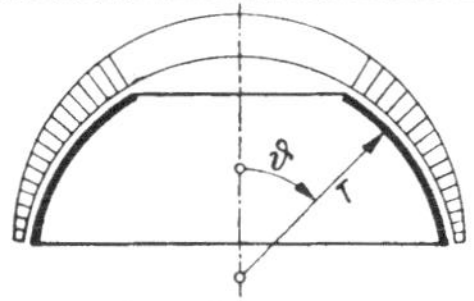 gleichm. Erwärmung $t(\vartheta) = a\cos\vartheta$	$N_\vartheta = N_\varphi = -(1+\mu)\frac{B}{r^2}\alpha_t\, a\cos\vartheta$ $M_\vartheta = -M_\varphi = -(1+\mu)\frac{B}{r}\alpha_t\, a\cos\vartheta$ $Q_\vartheta = (1+\mu)\frac{B}{r^2}\alpha_t\, a\sin\vartheta$	$\overline{w} = -\alpha_t\, a\cos\vartheta\, r\sin\vartheta$ $\chi = \alpha_t\, a\sin\vartheta$	Zur Erfüllung bestimmter Rand-bedingungen sind die Last-fälle 3.9 bis 3.13 passend zu überlagern	
8	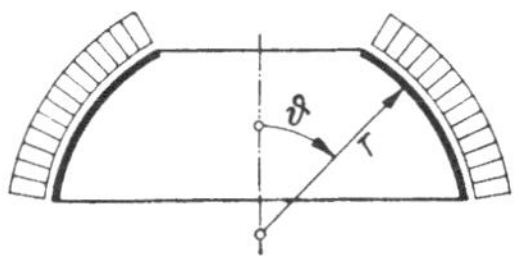 Erwärmungsdifferenz $\Delta t(\vartheta) = c$	$N_\vartheta = N_\varphi = Q_\vartheta = T = 0$ $M_\vartheta = -M_\varphi = (1+\mu)\, B\,\alpha_t\,\frac{\Delta t}{t}$	$\overline{w} = \chi = 0$		[13] S.269

3. Kugelschale (Fortsetzung)

Nr.	Systemskizzen	Schnittgrößen	Verformungen	Quellen
A 3.9	Streckenrandlast P	$M_\vartheta = -P\cos\vartheta_0 \frac{r}{\varkappa} e^{-\varkappa\frac{\bar{s}}{r}} \sin\varkappa\frac{\bar{s}}{r}$ $M_\varphi = -\frac{P\cos\vartheta_0\cos\vartheta}{2\sin\vartheta}\frac{r}{\varkappa^2} e^{-\varkappa\frac{\bar{s}}{r}} \times$ $\times\left[\cos\varkappa\frac{\bar{s}}{r} + \sin\varkappa\frac{\bar{s}}{r}\right] - \mu M_\vartheta$ $Q_\vartheta = -P\cos\vartheta_0 e^{-\varkappa\frac{\bar{s}}{r}}\left[\cos\varkappa\frac{\bar{s}}{r} - \sin\varkappa\frac{\bar{s}}{r}\right]$ $N_\vartheta = -P\frac{\sin\vartheta_0}{\sin^2\vartheta} - Q_\vartheta\cot\vartheta \qquad T = 0$ $N_\varphi = -2P\cos\vartheta_0\varkappa e^{-\varkappa\frac{\bar{s}}{r}}\cos\varkappa\frac{\bar{s}}{r} + P\frac{\sin\vartheta_0}{\sin^2\vartheta}$	$\overline{w} = -\frac{Pr}{Et}\left[(1+\mu)\frac{\sin\vartheta_0}{\sin\vartheta} - \right.$ $\left. -2\sin\vartheta_0\cos\vartheta_0\varkappa e^{-\varkappa\frac{\bar{s}}{r}}\cos\varkappa\frac{\bar{s}}{r}\right]$ $\chi = -\frac{2P\cos\vartheta_0}{Et}\varkappa^2 \times$ $\times e^{-\varkappa\frac{\bar{s}}{r}}\left[\cos\varkappa\frac{\bar{s}}{r} + \sin\varkappa\frac{\bar{s}}{r}\right]$	S. 61ff.
10	Streckenrandlast Q am oberen Rand	$M_\vartheta = Q\sin\vartheta_0\frac{r}{\varkappa} e^{-\varkappa\frac{\bar{s}}{r}}\sin\varkappa\frac{\bar{s}}{r}$ $M_\varphi = \frac{Q\sin\vartheta_0\cos\vartheta}{2\sin\vartheta}\frac{r}{\varkappa^2} e^{-\varkappa\frac{\bar{s}}{r}}\left[\cos\varkappa\frac{\bar{s}}{r} + \sin\varkappa\frac{\bar{s}}{r}\right] -$ $-\mu M_\vartheta$ $Q_\vartheta = Q\sin\vartheta_0 e^{-\varkappa\frac{\bar{s}}{r}}\left[\cos\varkappa\frac{\bar{s}}{r} - \sin\varkappa\frac{\bar{s}}{r}\right]$ $N_\vartheta = -Q_\vartheta\cot\vartheta \qquad T = 0$ $N_\varphi = 2Q\sin\vartheta_0\varkappa e^{-\varkappa\frac{\bar{s}}{r}}\cos\varkappa\frac{\bar{s}}{r}$	$\overline{w} = -\frac{2Q\sin^2\vartheta_0}{Et} r\varkappa\, e^{-\varkappa\frac{\bar{s}}{r}}\cos\varkappa\frac{\bar{s}}{r}$ $\chi = \frac{2Q\sin\vartheta_0}{Et}\varkappa^2 e^{-\varkappa\frac{\bar{s}}{r}}\left[\cos\varkappa\frac{\bar{s}}{r} + \sin\varkappa\frac{\bar{s}}{r}\right]$	

3. Kugelschale (Fortsetzung)

Nr.	Systemskizze	Schnittgrößen	Verformungen	Quellen
A 3.11	$\bar{s}$, M, ϑ_0, ϑ, r Streckenrandmoment M am oberen Rand	$M_\vartheta = M\,e^{-\varkappa\frac{\bar{s}}{r}}\left[\cos\varkappa\frac{\bar{s}}{r} + \sin\varkappa\frac{\bar{s}}{r}\right]$ $M_\varphi = \frac{M\cot\vartheta}{\varkappa}\,e^{-\varkappa\frac{\bar{s}}{r}}\cos\varkappa\frac{\bar{s}}{r} - \mu\,M_\vartheta$ $Q_\vartheta = -2\,M\,\frac{\varkappa}{r}\,e^{-\varkappa\frac{\bar{s}}{r}}\sin\varkappa\frac{\bar{s}}{r}$ $N_\vartheta = -Q_\vartheta\cot\vartheta \qquad T = 0$ $N_\varphi = 2\,M\,\frac{\varkappa^2}{r}\,e^{-\varkappa\frac{\bar{s}}{r}}\left[\cos\varkappa\frac{\bar{s}}{r} - \sin\varkappa\frac{\bar{s}}{r}\right]$	$\bar{w} = -\frac{2\,M\sin\vartheta_0}{E\,t}\,\varkappa^2\,\times$ $\times\,e^{-\varkappa\frac{\bar{s}}{r}}\left[\cos\varkappa\frac{\bar{s}}{r} - \sin\varkappa\frac{\bar{s}}{r}\right]$ $\chi = \frac{4\,M}{E\,t}\,\frac{\varkappa^3}{r}\,e^{-\varkappa\frac{\bar{s}}{r}}\cos\varkappa\frac{\bar{s}}{r}$	S. 61ff.

3. Kugelschale (Fortsetzung)

Nr.	Systemskizzen	Schnittgrößen	Verformungen	Quellen
A 3.12	Streckenrandlast Q am unteren Rand	$M_\vartheta = -Q \sin\vartheta_1 \frac{r}{\varkappa} e^{-\varkappa\frac{\bar{s}}{r}} \sin\varkappa\frac{\bar{s}}{r}$ $M_\varphi = \frac{Q\sin\vartheta_1\cos\vartheta}{2\sin\vartheta} \frac{r}{\varkappa^2} e^{-\varkappa\frac{\bar{s}}{r}} \times$ $\times \left[\cos\varkappa\frac{\bar{s}}{r} + \sin\varkappa\frac{\bar{s}}{r}\right] - \mu M_\vartheta$ $Q_\vartheta = Q\sin\vartheta_1 e^{-\varkappa\frac{\bar{s}}{r}}\left[\cos\varkappa\frac{\bar{s}}{r} - \sin\varkappa\frac{\bar{s}}{r}\right]$ $N_\vartheta = -Q_\vartheta \cot\vartheta \qquad T = 0$ $N_\varphi = -2Q\sin\vartheta_1 \varkappa e^{-\varkappa\frac{\bar{s}}{r}} \cos\varkappa\frac{\bar{s}}{r}$	$\bar{w} = \frac{2Q}{Et}\sin^2\vartheta_1 r\varkappa e^{-\varkappa\frac{\bar{s}}{r}}\cos\varkappa\frac{\bar{s}}{r}$ $\chi = \frac{2Q\sin\vartheta_1}{Et}\varkappa^2 e^{-\varkappa\frac{\bar{s}}{r}}\left[\cos\varkappa\frac{\bar{s}}{r} + \sin\varkappa\frac{\bar{s}}{r}\right]$	S. 66
13	Streckenrandmoment M am unteren Rand	$M_\vartheta = M e^{-\varkappa\frac{\bar{s}}{r}}\left[\cos\varkappa\frac{\bar{s}}{r} + \sin\varkappa\frac{\bar{s}}{r}\right]$ $M_\varphi = -\frac{M\cot\vartheta}{\varkappa} e^{-\varkappa\frac{\bar{s}}{r}}\cos\varkappa\frac{\bar{s}}{r} - \mu M_\vartheta$ $Q_\vartheta = 2M\frac{\varkappa}{r} e^{-\varkappa\frac{\bar{s}}{r}}\sin\varkappa\frac{\bar{s}}{r}$ $N_\vartheta = -Q_\vartheta\cot\vartheta \qquad T = 0$ $N_\varphi = 2M\frac{\varkappa^2}{r} e^{-\varkappa\frac{\bar{s}}{r}}\left[\cos\varkappa\frac{\bar{s}}{r} - \sin\varkappa\frac{\bar{s}}{r}\right]$	$\bar{w} = -\frac{2M\sin\vartheta_1}{Et}\varkappa^2 e^{-\varkappa\frac{\bar{s}}{r}}\left[\cos\varkappa\frac{\bar{s}}{r} - \sin\varkappa\frac{\bar{s}}{r}\right]$ $\chi = -\frac{4M}{Et}\frac{\varkappa^3}{r} e^{-\varkappa\frac{\bar{s}}{r}}\cos\varkappa\frac{\bar{s}}{r}$	

4. Kreisringschale

Spitzkuppel: Die Ringachse schneidet den Querschnitt. $R \leq r$

$R > r$ Die Ringachse liegt außerhalb des Querschnitts

Sonderfall: $\vartheta_0 = -\vartheta_1$ (symmetrischer Querschnitt)

Nr.	Systemskizzen	Belastungen	Schnittgrößen	Bemerkungen	Quellen
A 4.1	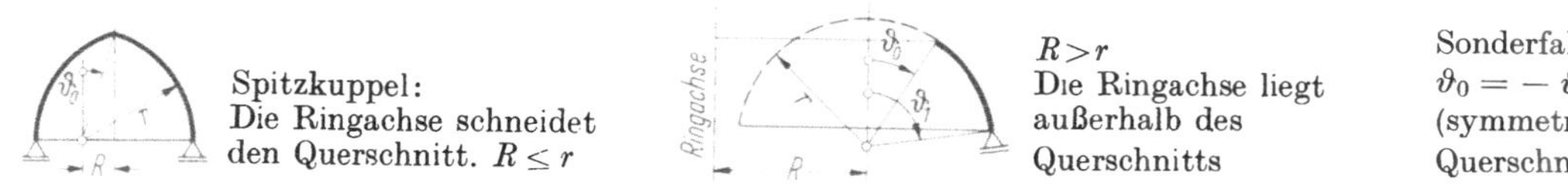	$p_x = p_E \sin\vartheta$ $p_z = p_E \cos\vartheta$	$N_\vartheta = -p_E\, r \dfrac{\cos\vartheta_0 - \cos\vartheta - (\vartheta - \vartheta_0)\sin\vartheta_0}{(\sin\vartheta - \sin\vartheta_0)\sin\vartheta}, \quad T = 0$ $N_\varphi = -\dfrac{p_E r}{\sin^2\vartheta}[(\vartheta - \vartheta_0)\sin\vartheta_0 - (\cos\vartheta_0 - \cos\vartheta) + (\sin\vartheta - \sin\vartheta_0)\sin\vartheta\cos\vartheta]$	Für negative Werte von ϑ_0 entsteht die Wulstfläche. Lösungen für die Wulstfläche mit Mittelstütze s. [2] S. 178	[4] S. 25
2		$p_x = p_S \sin\vartheta\cos\vartheta$ $p_z = p_S \cos^2\vartheta$	$N_\vartheta = -p_S \dfrac{r}{2}\left[1 - \dfrac{\sin\vartheta_0}{\sin\vartheta}\right], \quad T = 0$ $N_\varphi = -p_S \dfrac{r}{2}\left[\cos 2\vartheta + 2\sin\vartheta\sin\vartheta_0 - \dfrac{\sin^2\vartheta_0}{\sin^2\vartheta}\right]$		[2] S. 177
3		$p_x = p_E \sin\vartheta$ $p_z = p_E \cos\vartheta$	$N_\vartheta = -p_E \dfrac{R r(\vartheta - \vartheta_0) + r^2(\cos\vartheta_0 - \cos\vartheta)}{(R + r\sin\vartheta)\sin\vartheta}, \quad T = 0$ $N_\varphi = -\dfrac{p_E}{\sin^2\vartheta}[(R + r\sin\vartheta)\cos\vartheta\sin\vartheta - R(\vartheta - \vartheta_0) - r(\cos\vartheta_0 - \cos\vartheta)]$ Für $\vartheta_0 = -\vartheta_1$ (symmetrischer Querschnitt) $N_\vartheta = -p_E \dfrac{R r\vartheta + r^2(1 - \cos\vartheta)}{(R + r\sin\vartheta)\sin\vartheta}, \quad T = 0$ $N_\varphi = -\dfrac{p_E}{\sin^2\vartheta}[(R + r\sin\vartheta)\cos\vartheta\sin\vartheta - R\vartheta - r(1 - \cos\vartheta)]$		[6]

4. Kreisringschale (Fortsetzung)

Nr.	Systemskizzen	Belastungen	Schnittgrößen	Quellen
A 4.4		$p_z = \gamma\,(h - r\cos\vartheta)$	$N_\vartheta = -\frac{\gamma r}{(R + r\sin\vartheta)\sin\vartheta}\left[-R h(\sin\vartheta_0 - \sin\vartheta) + \frac{r h}{2}(\cos^2\vartheta_0 - \cos^2\vartheta) + \frac{R r}{2}(\sin\vartheta_0\cos\vartheta_0 - \sin\vartheta\cos\vartheta + \vartheta_0 - \vartheta) - \frac{r^2}{3}(\cos^3\vartheta_0 - \cos^3\vartheta)\right]$ $N_\varphi = -\frac{\gamma}{\sin^2\vartheta}\left[(h - r\cos\vartheta)(R + r\sin\vartheta)\sin\vartheta + R h(\sin\vartheta_0 - \sin\vartheta) - \frac{r h}{2}(\cos^2\vartheta_0 - \cos^2\vartheta) - \frac{R r}{2}(\sin\vartheta_0\cos\vartheta_0 - \sin\vartheta\cos\vartheta + \vartheta_0 - \vartheta) + \frac{r^2}{3}(\cos^3\vartheta_0 - \cos^3\vartheta)\right]$ Für $\vartheta_0 = -\vartheta_1$ (symmetrischer Querschnitt) $N_\vartheta = -\frac{\gamma r}{(R + r\sin\vartheta)\sin\vartheta}\left[R h\sin\vartheta + \frac{r h}{2}\sin^2\vartheta - \frac{R r}{2}(\sin\vartheta\cos\vartheta + \vartheta) - \frac{r^2}{3}(1 - \cos^3\vartheta)\right]$ $N_\varphi = -\frac{\gamma}{\sin^2\vartheta}\left[\frac{r h}{2}\sin^2\vartheta - \frac{R r}{2}(\sin\vartheta\cos\vartheta - \vartheta) - r^2\left(\cos\vartheta\sin^2\vartheta - \frac{1 - \cos^3\vartheta}{3}\right)\right]$	[6]
5		$p_z = p$	$N_\vartheta = -\frac{p}{2(R + r\sin\vartheta)\sin\vartheta}\left[(R + r\sin\vartheta)^2 - (R + r\sin\vartheta_0)^2\right]$ $N_\varphi = -\frac{p}{2\sin^2\vartheta}\left[2R\sin\vartheta_0 + r(\sin^2\vartheta_0 + \sin^2\vartheta)\right]$ Für $\vartheta_0 = -\vartheta_1$ (symmetrischer Querschnitt) $N_\vartheta = -\frac{p r}{2}\,\frac{2R + r\sin\vartheta}{R + r\sin\vartheta}$, $N_\varphi = -\frac{p r}{2}$	
6		Streckenrandlast P	$N_\vartheta = -P\,\frac{R + r\sin\vartheta_0}{R + r\sin\vartheta}\,\frac{\sin\vartheta_0}{\sin\vartheta}$, $N_\varphi = P\,\frac{(R + r\sin\vartheta_0)\sin\vartheta_0}{r\sin^2\vartheta}$	

5. Rotationshyperboloidschale

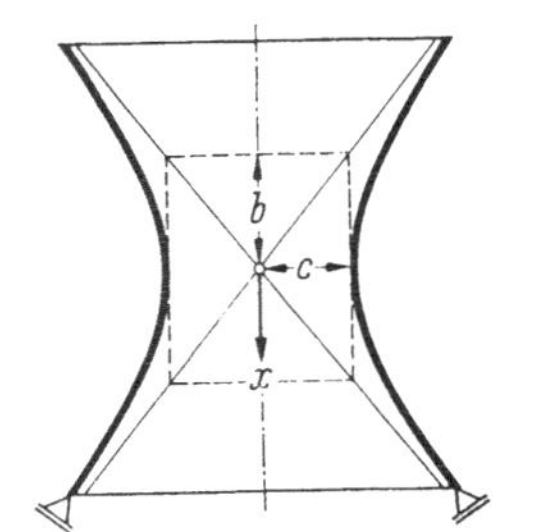

c Kehlkreisradius (reelle Hyperbelachse),

b imaginäre Hyperbelachse,

$\alpha = \frac{c}{b}$, $\beta = \sqrt{\frac{c^4}{b^4} + \frac{c^2}{b^2}}$ } dimensionslose Parameter

$\xi = \frac{x}{c}$ dimensionslose Koordinate in Richtung der Schalenachse.

$a = c\sqrt{1 + \alpha^2 \xi^2}$

$r_\varphi = c\sqrt{1 + \beta^2 \xi^2}$

$r_\vartheta = \frac{b^2}{c}\sqrt{(1 + \beta^2 \xi^2)^3}$

Nr.	Systemskizzen	Belastungen	Schnittgrößen	Verformungen
A 5.1		$p_x = p_E \sqrt{\frac{1+\alpha^2\xi^2}{1+\beta^2\xi^2}}$ $p_z = p_E \frac{\alpha^2 \xi}{\sqrt{1+\beta^2\xi^2}}$	$N_\vartheta = -\frac{p_E c}{2} \frac{\sqrt{1+\beta^2\xi^2}}{1+\alpha^2\xi^2}\left[\xi\sqrt{1+\beta^2\xi^2} - \xi_0\sqrt{1+\beta^2\xi_0^2} + \right.$ $\left. + \frac{1}{\beta}(\operatorname{arsh}\beta\xi - \operatorname{arsh}\beta\xi_0)\right]$ $N_\varphi = N_\vartheta \frac{\alpha^2}{1+\beta^2\xi^2} - p_E c \alpha^2 \xi$, $T = 0$	$\overline{w} = -\frac{c}{Et}\sqrt{1+\alpha^2\xi^2}(N_\varphi - \mu N_\vartheta)$ $\chi = \frac{\alpha^2\xi}{Et}\left[\frac{1+\mu}{\sqrt{1+\alpha^2\xi^2}}(N_\vartheta - N_\varphi) - \frac{d}{d\xi}(N_\varphi - \mu N_\vartheta)\right]$
2		$p_z = p$	$N_\vartheta = -\frac{p c}{2} \frac{\alpha^2\sqrt{1+\beta^2\xi^2}}{1+\alpha^2\xi^2}[\xi^2 - \xi_0^2]$ $T = 0$ $N_\varphi = N_\vartheta \frac{\alpha^2}{1+\beta^2\xi^2} - p c\sqrt{1+\beta^2\xi^2}$	
3		$p_z = \gamma c(\xi - \xi_0)$	$N_\vartheta = -\gamma c^2 \frac{\alpha^2\sqrt{1+\beta^2\xi^2}}{1+\alpha^2\xi^2}\left[\frac{1}{3}\xi^3 - \frac{1}{2}\xi_0\xi^2 + \frac{1}{6}\xi_0^3\right]$ $N_\varphi = N_\vartheta \frac{\alpha^2}{1+\beta^2\xi^2} - \gamma c^2\sqrt{1+\beta^2\xi^2}(\xi - \xi_0)$ $T = 0$	

5. Rotationshyperboloidschale (Fortsetzung)

Nr.	Systemskizzen	Schnittgrößen	Verformungen	Bemerkungen	Quellen
A 5.4	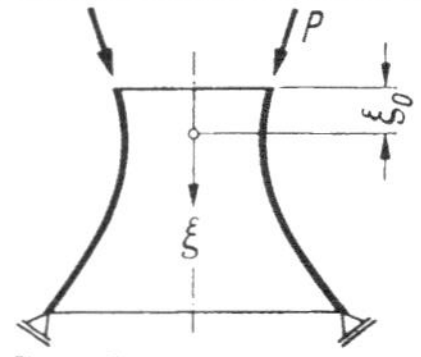 Streckenrandlast P	$N_\vartheta = -P \frac{1+\alpha^2\xi_0^2}{1+\alpha^2\xi^2}\sqrt{\frac{1+\beta^2\xi^2}{1+\beta^2\xi_0^2}}$ $N_\varphi = N_\vartheta \frac{\alpha^2}{1+\beta^2\xi^2}$, $T = 0$	$\overline{w} = -\frac{c}{Et}\sqrt{1+\alpha^2\xi^2} \times (N_\varphi - \mu N_\vartheta)$ $\chi = \frac{\alpha^2\xi}{Et}\left[\frac{1+\mu}{\sqrt{1+\alpha^2\xi^2}}(N_\vartheta - N_\varphi) - \frac{d}{d\xi}(N_\varphi - \mu N_\vartheta)\right]$		
5	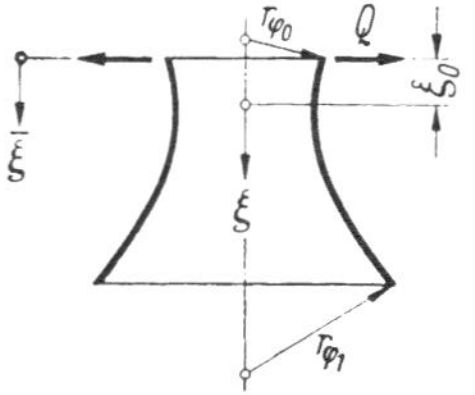 Streckenrandlast Q	$M_\vartheta = Q\sqrt{\frac{1+\alpha^2\xi^2}{1+\beta^2\xi^2}}\frac{r_{\varphi_0}}{\varkappa_0}e^{-\varkappa_0\overline{\xi}}\sin\varkappa_0\overline{\xi}$ $M_\varphi = Q\frac{\alpha^2\xi}{\sqrt{1+\beta^2\xi^2}}\frac{r_{\varphi_0}^2}{\varkappa_0^2}e^{-\varkappa_0\overline{\xi}}\frac{1}{2r_\varphi} \times [\cos\varkappa_0\overline{\xi} + \sin\varkappa_0\overline{\xi}] - \mu M_\vartheta$ $Q_\vartheta = Q\sqrt{\frac{1+\alpha^2\xi^2}{1+\beta^2\xi^2}}e^{-\varkappa_0\overline{\xi}} \times [\cos\varkappa_0\overline{\xi} - \sin\varkappa_0\overline{\xi}]$ $N_\vartheta = -Q_\vartheta\frac{\alpha^2\xi}{\sqrt{1+\alpha^2\xi^2}}$ $T = 0$ $N_\varphi = 2Q\sqrt{1+\alpha^2\xi^2}\frac{\varkappa_0 c}{r_{\varphi_0}}e^{-\varkappa_0\overline{\xi}}\cos\varkappa_0\overline{\xi}$	$\overline{w} = -\frac{2Q}{Et}\frac{1+\alpha^2\xi^2}{1+\beta^2\xi^2}r_{\varphi_0}\varkappa_0 \times e^{-\varkappa_0\overline{\xi}}\cos\varkappa_0\overline{\xi}$ $\chi = \frac{2Q}{Et}\sqrt{\frac{1+\alpha^2\xi^2}{1+\beta^2\xi^2}}\varkappa_0^2 \times e^{-\varkappa_0\overline{\xi}}[\cos\varkappa_0\overline{\xi} + \sin\varkappa_0\overline{\xi}]$	Der Störungsverlauf ist näherungsweise auf die Achskoordinate $\overline{\xi}$ bezogen. $r_{\varphi_0} = c\sqrt{1+\beta^2\xi_0^2}$ $\varkappa_0 = \sqrt[4]{3(1-\mu^2)\frac{r_{\varphi_0}^2}{t^2}}$ Wirken Q oder M am unteren Schalenrand, s. S. 66	S. 66
6	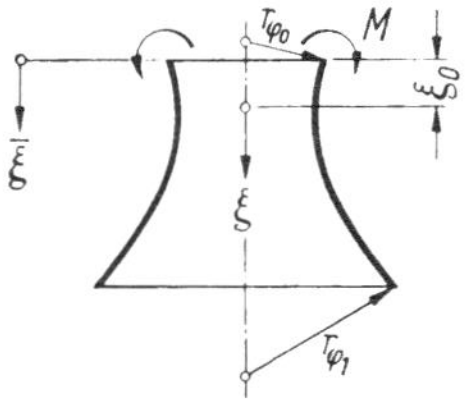 Streckenrandmoment M	$M_\vartheta = M e^{-\varkappa_0\overline{\xi}}[\cos\varkappa_0\overline{\xi} + \sin\varkappa_0\overline{\xi}]$ $M_\varphi = \frac{M}{c}\frac{\alpha^2\xi}{\sqrt{(1+\alpha^2\xi^2)(1+\beta^2\xi^2)}}e^{-\varkappa_0\overline{\xi}} \times \cos\varkappa_0\overline{\xi} - \mu M_\vartheta$ $Q_\vartheta = -2M\frac{\varkappa_0}{r_{\varphi_0}}e^{-\varkappa_0\overline{\xi}}\sin\varkappa_0\overline{\xi}$ $N_\vartheta = -Q_\vartheta\frac{\alpha^2\xi}{\sqrt{1+\alpha^2\xi^2}}$ $T = 0$ $N_\varphi = 2M\frac{\varkappa_0^2}{r_{\varphi_0}^2}r_\varphi e^{-\varkappa_0\overline{\xi}}[\cos\varkappa_0\overline{\xi} - \sin\varkappa_0\overline{\xi}]$	$\overline{w} = -\frac{2M}{Et}\sqrt{\frac{1+\alpha^2\xi^2}{1+\beta^2\xi^2}}\varkappa_0^2 \times e^{-\varkappa_0\overline{\xi}}[\cos\varkappa_0\overline{\xi} - \sin\varkappa_0\overline{\xi}]$ $\chi = \frac{4M}{Et}\frac{\varkappa_0^3}{r_{\varphi_0}}e^{-\varkappa_0\overline{\xi}}\cos\varkappa_0\overline{\xi}$		

6. Weitere Rotationsschalen mit gekrümmten Meridianen

Nr.	Systemskizzen	Belastungen	Schnittgrößen	Bemerkungen	Quellen
A 6.1	Parabel	$p_x = p_E \sin\vartheta$ $p_z = p_E \cos\vartheta$	$N_\vartheta = -p_E \frac{r_0}{3} \frac{1-\cos^3\vartheta}{\sin^2\vartheta\cos^2\vartheta}$ $T = 0$ $N_\varphi = -p_E \frac{r_0}{3} \frac{2-3\cos^2\vartheta+\cos^3\vartheta}{\sin^2\vartheta}$	r_0 = Krümmungshalbmesser im Scheitel Geometrische Größen zur Ermittlung der Verformungen Parabelgleich.: $a^2 = 2 r_0 x$ $r_\varphi = \frac{r_0}{\cos\vartheta}$ $r_\vartheta = \frac{r_0}{\cos^3\vartheta}$	
2		$p_x = p_S \sin\vartheta\cos\vartheta$ $p_z = p_S \cos^2\vartheta$	$N_\vartheta = -p_S \frac{r_0}{2} \frac{1}{\cos\vartheta}$ $T = 0$ $N_\varphi = -p_S \frac{r_0}{2} \cos\vartheta$		
3		$p_z = p$	$N_\vartheta = -p \frac{r_0}{2} \frac{1}{\cos\vartheta}$ $T = 0$ $N_\varphi = -p \frac{r_0}{2} \frac{1+\sin^2\vartheta}{\cos\vartheta}$		
4		$p_z = \gamma\left(h + \frac{r_0}{2}\tan^2\vartheta\right)$	$N_\vartheta = -\gamma \frac{r_0}{2}\left[h + \frac{r_0}{4}\tan^2\vartheta\right]\frac{1}{\cos\varphi}$ $T = 0$ $N_\varphi = -\gamma \frac{r_0}{2}\left[h(2\tan^2\vartheta + 1) + {} + r_0 \tan^2\vartheta\left(\tan^2\vartheta + \frac{3}{4}\right)\right]\cos\vartheta$		[1] S. 9

6. Weitere Rotationsschalen mit gekrümmten Meridianen (Fortsetzung)

Nr.	Systemskizzen	Belastungen	Schnittgrößen	Bemerkungen	Quellen
A 6.5	Zykloide	$p_x = p_E \sin\vartheta$ $p_z = p_E \cos\vartheta$	$N_\vartheta = -2 p_E r_0 \dfrac{\vartheta \sin\vartheta + \cos\vartheta - \frac{1}{3}\cos^3\vartheta - \frac{2}{3}}{(2\vartheta + \sin\vartheta)\sin\vartheta}$ $N_\varphi = -p_E r_0 \left[\dfrac{1}{3}\,\dfrac{1-\cos^3\vartheta}{\sin^2\vartheta\cos\vartheta} - \dfrac{\vartheta}{2}\tan\vartheta - \dfrac{1}{2}\sin^2\vartheta\right]$		[2] S. 191
6	Zykloide	$p_x = p_S \sin\vartheta\cos\vartheta$ $p_z = p_S \cos^2\vartheta$	$N_S = -p_S \dfrac{r_0}{8}\,\dfrac{2\vartheta + \sin 2\vartheta}{\sin\vartheta}$ $N_\varphi = -p_S \dfrac{r_0}{16}\,\dfrac{2\vartheta + \sin 2\vartheta}{\sin\vartheta}\left[4\cos^2\vartheta - \dfrac{2\vartheta}{\sin 2\vartheta} - 1\right]$		
7	Ellipse; a, b	$p_x = p_E \sin\vartheta$ $p_z = p_E \cos\vartheta$	$N_S = -\dfrac{p_E}{2}\,\dfrac{\sqrt{a^2\tan^2\vartheta + b^2}}{a^2\sin\vartheta\tan\vartheta}\left[a^2 - \dfrac{a^2 b^2\sqrt{1+\tan^2\vartheta}}{b^2 + a^2\tan^2\vartheta} + \right.$ $\left. + \dfrac{b^2}{\varepsilon}\ln\dfrac{(1+\varepsilon)\sqrt{b^2 + a^2\tan^2\vartheta}}{b(\varepsilon + \sqrt{1+\tan^2\vartheta})}\right]$ $N_\varphi = p_E\left[\dfrac{(b^2 + a^2\tan^2\vartheta)^{3/2}}{2\tan^2\vartheta\sqrt{1+\tan^2\vartheta}}\left(\dfrac{1}{\varepsilon a^2}\ln\dfrac{(1+\varepsilon)\sqrt{b^2 + a^2\tan^2\vartheta}}{b(\varepsilon + \sqrt{1+\tan^2\vartheta})} + \right.\right.$ $\left.\left. + \dfrac{1}{b^2} - \dfrac{\sqrt{1+\tan^2\vartheta}}{b^2 + a^2\tan^2\vartheta}\right) - \dfrac{a^2}{\sqrt{b^2 + a^2\tan^2\vartheta}}\right]$	$\varepsilon = \dfrac{\sqrt{a^2 - b^2}}{a}$	[12] S. 361
8	Ellipse; a, b	$p_x = p_S \sin\vartheta\cos\vartheta$ $p_z = p_S \cos^2\vartheta$	$N_S = -\dfrac{p_S}{2}\,\dfrac{a^2\sqrt{1+\tan^2\vartheta}}{\sqrt{b^2 + a^2\tan^2\vartheta}}$ $N_\varphi = -\dfrac{p_S}{2}\,\dfrac{a^2}{b^2}\,\dfrac{b^2 - a^2\tan^2\vartheta}{\sqrt{b^2 + a^2\tan^2\vartheta}\sqrt{1+\tan^2\vartheta}}$		[2] S. 189
9	Ellipse; a, b	$p_z = p$	$N_S = -p\,\dfrac{a^2}{2}\,\dfrac{1}{\sqrt{b^2 + (a^2 - b^2)\sin^2\vartheta}}$ $N_\varphi = -\dfrac{p}{2}\,\dfrac{a^2}{b^2}\,\dfrac{b^2 - (a^2 - b^2)\sin^2\vartheta}{\sqrt{b^2 + (a^2 - b^2)\sin^2\vartheta}}$		[3] S. 235

B. Rotationsschalen mit asymmetrischer Belastung

1. Windbelastung

Nr.	Systemskizzen	Belastungen	Schnittgrößen	Quellen
B 1.1		$p_z = p_W \cos\varphi$	$N_s = p_W \frac{s^2}{2r} \cos\varphi$ $N_\varphi = -p_W r \cos\varphi$ $T = -p_W s \sin\varphi$	[11] S. 760
2		$p_z = p_W \sin\vartheta \cos\varphi$	$N_s = -p_W s \frac{\cos\varphi}{\cos\vartheta}\left[\frac{1}{3}\left(1-\frac{s_0^3}{s^3}\right)-\frac{\sin^2\vartheta}{2}\left(1-\frac{s_0^2}{s^2}\right)\right]$ $N_\varphi = -p_W s \cos\vartheta \cos\varphi$ $T = -p_W s \frac{\sin\varphi}{3}\left[1-\frac{s_0^3}{s^3}\right]$	
3		$p_z = p_W \sin\vartheta \cos\varphi$	$N_s = p_W s \frac{\cos\varphi}{\cos\vartheta}\left[\frac{1}{3}\left(\frac{l^3}{s^3}-1\right)-\frac{\sin^2\vartheta}{2}\left(\frac{l^2}{s^2}-1\right)\right]$ $N_\varphi = -p_W s \cos\vartheta \cos\varphi$ $T = p_W s \frac{\sin\varphi}{3}\left[\frac{l^3}{s^3}-1\right]$	
4		$p_z = p_W \sin\vartheta \cos\varphi$	$N_\vartheta = -p_W \frac{r}{3} \frac{\cos\varphi\cos\vartheta}{\sin^3\vartheta}\left[3\left(\cos\vartheta_0-\cos\vartheta\right)-\cos^3\vartheta_0+\cos^3\vartheta\right]$ $N_\varphi = -p_W \frac{r}{3}\frac{\cos\varphi}{\sin^3\vartheta}\left[\cos\vartheta\left(3\cos\vartheta_0-\cos^3\vartheta_0\right)-3\sin^2\vartheta-2\cos^4\vartheta\right]$ $T = -p_W \frac{r}{3}\frac{\sin\varphi}{\sin^3\vartheta}\left[3(\cos\vartheta_0-\cos\vartheta)-\cos^3\vartheta_0+\cos^3\vartheta\right]$	[2] S. 203

2. Liegende Kreiszylinderschale unter senkrechter Belastung

Nr.	Systemskizzen	Belastungen	Schnittgrößen	Bemerkungen	Quellen
B 2.1		$p_y = -p_E \cos\varphi$ $p_z = p_E \sin\varphi$	$N_s = -p_E \frac{s}{r}(l-s)\sin\varphi$ $N_\varphi = -p_E r \sin\varphi$ $T = -p_E (l-2s)\cos\varphi$	Lagerung der Schale auf biegeweichen Endscheiben	S. 71
2			$N_s = p_E\left[\frac{l^2}{6r} - \mu r - \frac{s}{r}(l-s)\right]\sin\varphi$ $N_\varphi = -p_E r \sin\varphi$ $T = -p_E (l-2s)\cos\varphi$		S. 75
3		$p_z = \gamma(h - r\sin\varphi)$	$N_s = -\gamma \frac{s}{2}(l-s)\sin\varphi$ $N_\varphi = \gamma r^2\left(\frac{h}{r} - \sin\varphi\right)$ $T = \gamma r\left(\frac{l}{2} - s\right)\cos\varphi$	Lagerung der Schale auf biegeweichen Endscheiben	[*11*] S. 794
4			$N_s = -\gamma\left[\left(\frac{l^2}{12} - \mu r^2 - \frac{s}{2}(l-s)\right)\sin\varphi - \mu h r\right]$ $N_\varphi = \gamma r^2\left(\frac{h}{r} - \sin\varphi\right)$ $T = \gamma r\left(\frac{l}{2} - s\right)\cos\varphi$		[7] S. 19

C. Sonstige Schalenformen

1. Kugelschale mit unsymmetrischer Begrenzung

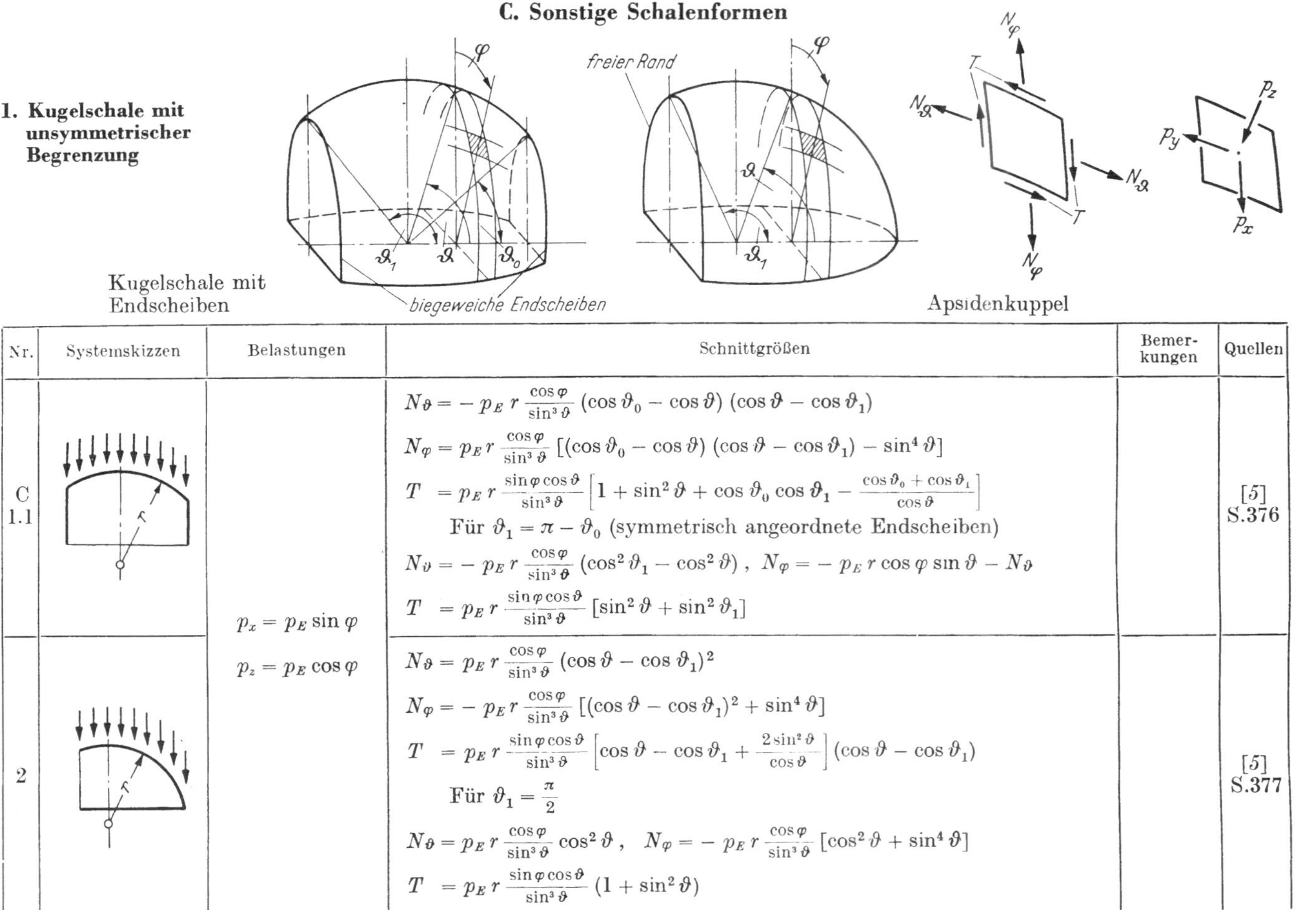

<table>
<tr><th>Nr.</th><th>Systemskizzen</th><th>Belastungen</th><th>Schnittgrößen</th><th>Bemerkungen</th><th>Quellen</th></tr>
<tr><td>C 1.1</td><td></td><td rowspan="2">$p_x = p_E \sin\varphi$
$p_z = p_E \cos\varphi$</td><td>$N_\vartheta = -p_E\, r \frac{\cos\varphi}{\sin^3\vartheta} (\cos\vartheta_0 - \cos\vartheta)(\cos\vartheta - \cos\vartheta_1)$
$N_\varphi = p_E\, r \frac{\cos\varphi}{\sin^3\vartheta} [(\cos\vartheta_0 - \cos\vartheta)(\cos\vartheta - \cos\vartheta_1) - \sin^4\vartheta]$
$T = p_E\, r \frac{\sin\varphi\cos\vartheta}{\sin^3\vartheta}\left[1 + \sin^2\vartheta + \cos\vartheta_0\cos\vartheta_1 - \frac{\cos\vartheta_0 + \cos\vartheta_1}{\cos\vartheta}\right]$
Für $\vartheta_1 = \pi - \vartheta_0$ (symmetrisch angeordnete Endscheiben)
$N_\vartheta = -p_E\, r \frac{\cos\varphi}{\sin^3\vartheta} (\cos^2\vartheta_1 - \cos^2\vartheta)$, $N_\varphi = -p_E\, r \cos\varphi \sin\vartheta - N_\vartheta$
$T = p_E\, r \frac{\sin\varphi\cos\vartheta}{\sin^3\vartheta} [\sin^2\vartheta + \sin^2\vartheta_1]$</td><td></td><td>[5] S.376</td></tr>
<tr><td>2</td><td></td><td>$N_\vartheta = p_E\, r \frac{\cos\varphi}{\sin^3\vartheta} (\cos\vartheta - \cos\vartheta_1)^2$
$N_\varphi = -p_E\, r \frac{\cos\varphi}{\sin^3\vartheta} [(\cos\vartheta - \cos\vartheta_1)^2 + \sin^4\vartheta]$
$T = p_E\, r \frac{\sin\varphi\cos\vartheta}{\sin^3\vartheta}\left[\cos\vartheta - \cos\vartheta_1 + \frac{2\sin^2\vartheta}{\cos\vartheta}\right](\cos\vartheta - \cos\vartheta_1)$
Für $\vartheta_1 = \frac{\pi}{2}$
$N_\vartheta = p_E\, r \frac{\cos\varphi}{\sin^3\vartheta} \cos^2\vartheta$, $N_\varphi = -p_E\, r \frac{\cos\varphi}{\sin^3\vartheta} [\cos^2\vartheta + \sin^4\vartheta]$
$T = p_E\, r \frac{\sin\varphi\cos\vartheta}{\sin^3\vartheta} (1 + \sin^2\vartheta)$</td><td></td><td>[5] S.377</td></tr>
</table>

2. Tonnenschalen

Nr.		Systemskizzen	Belastungen	Schnittgrößen	Bemerkungen	Quellen
C 2.1	Kreis		$p_y = -p_E \cos\varphi$ $p_Z = p_E \sin\varphi$	$N_s = -p_E \frac{s}{r}(l-s)\sin\varphi\,, \quad N_\varphi = -p_E\, r \sin\varphi$ $T = -p_E(l-2s)\cos\varphi$		S. 71
2	Kreis		$p_y = -p_S \sin\varphi\cos\varphi$ $p_z = p_S \sin^2\varphi$	$N_S = -p_S \frac{3s}{2r}(l-s)\cos\varphi\,, \quad N_\varphi = -p_S\, r \sin^2\varphi$ $T = -p_S\left(\frac{l}{2}-s\right) 3\sin\varphi\cos\varphi$	Rand-bedingungen für $s = 0$ und $s = l: N_S = 0$ r_0 Krümmungs-radius im Scheitel der Schale	
3	Kreis		$p_z = p_W \cos\varphi$	$N_S = -p_W \frac{s}{2r}(l-s)\cos\varphi\,, \quad N_\varphi = -p_W\, r\cos\varphi$ $T = p_W\left(\frac{l}{2}-s\right)\sin\varphi$		
4	Parabel		$p_y = -p_E\cos\varphi$ $p_z = p_E \sin\varphi$	$N_S = p_E \frac{s}{2r_0}(l-s)\sin^4\varphi\,, \quad N_\varphi = -p_E \frac{r_0}{\sin^2\varphi}$ $T = p_E\left(\frac{l}{2}-s\right)\cos\varphi$		S. 80

2. Tonnenschalen (Fortsetzung)

Nr.	Systemskizzen	Belastungen	Schnittgrößen	Bemerkungen	Quellen
C 2.5	Parabel	$p_y = -p_S \sin\varphi \cos\varphi$ $p_z = p_S \sin^2\varphi$	$N_S = 0$ $\quad N_\varphi = -p_S \frac{r_0}{\sin\varphi}$ $T = 0$		S. 78
6	Parabel	$p_z = p_W \cos\varphi$	$N_S = p_W \frac{s}{2r_0}(l-s)(3+2\sin^2\varphi)\sin\varphi\cos\varphi$ $N_\varphi = -p_W r_0 \frac{\cos\varphi}{\sin^3\varphi}$ $T = p_W\left(\frac{l}{2}-s\right)\frac{1+2\cos^2\varphi}{\sin\varphi}$		
7	Zykloide	$p_y = -p_E \cos\varphi$ $p_z = p_E \sin\varphi$	$N_S = -p_E \frac{3s}{2r_0}(l-s)$ $N_\varphi = -p_E r_0 \sin^2\varphi$ $T = -p_E\left(\frac{l}{2}-s\right) 3\cos\varphi$	r_0 Krümmungsradius im Scheitel der Schale	[11] S. 796
8	Zykloide	$p_y = -p_S \sin\varphi \cos\varphi$ $p_z = p_S \sin^2\varphi$	$N_S = p_S \frac{2s}{r_0}(l-s)\frac{1-2\sin^2\varphi}{\sin\varphi}$ $N_\varphi = -p_S r_0 \sin^3\varphi$ $T = p_S\left(\frac{l}{2}-s\right) 4\sin\varphi\cos\varphi$		
9	Zykloide	$p_z = p_W \cos\varphi$	$N_S = -p_W \frac{s}{r_0}(l-s)(1-\cos\varphi)\frac{\cos\varphi}{\sin^3\varphi}$ $N_\varphi = -p_W r_0 \sin\varphi\cos\varphi$ $T = -p_W\left(\frac{l}{2}-s\right)\frac{1-2\sin^2\varphi}{\sin\varphi}$		

2. Tonnenschalen (Fortsetzung)

Nr.	Systemskizzen	Belastungen	Schnittgrößen	Bemerkungen	Quellen
C 2.10	Ellipse	$p_y = -p_E \cos\varphi$ $p_z = p_E \sin\varphi$	$N_S = -p_E \frac{s}{2}(l-s)\frac{3a^2b^2-\eta^2}{a^2b^2\eta^{1/2}}\sin\varphi$ $N_\varphi = -p_E a^2 b^2 \frac{\sin\varphi}{\eta^{3/2}}$ $T = -p_E\left(\frac{l}{2}-s\right)\frac{2a^2+(a^2-b^2)\sin^2\varphi}{\eta}\cos\varphi,$	$\eta = a^2\cos^2\varphi + b^2\sin^2\varphi$	[4] S.70
11	Ellipse	$p_y = -p_S \sin\varphi\cos\varphi$ $p_z = p_S \sin^2\varphi$	$N_S = -p_S \frac{3s(l-s)}{2a^2b^2\eta^{1/2}}[b^2(a^2\cos^2\varphi - b^2\sin^2\varphi) +$ $+ 2\eta^2(\sin^2\varphi - \cos^2\varphi)]$ $N_\varphi = -p_S a^2 b^2 \frac{\sin^2\varphi}{\eta^{3/2}}$ $T = p_S\left(\frac{l}{2}-s\right)\frac{3\sin\varphi\cos\varphi}{\eta}(b^2-2\eta)$		[11] S.796
12	Ellipse	$p_z = p_W \cos\varphi$	$N_S = -p_W\frac{s}{2}\frac{(l-s)\cos\varphi}{a^2b^2\eta^{1/2}}[\eta^2 + 3\eta(b^2-a^2)\times$ $\times(1-3\sin^2\varphi) - 6(b^2-a^2)^2\sin^2\varphi\cos^2\varphi]$ $N_\varphi = -p_W a^2 b^2 \frac{\cos\varphi}{\eta^{3/2}}$ $T = p_W\left(\frac{l}{2}-s\right)\frac{b^2-a^2}{\eta}3(1+\cos^2\varphi)\sin\varphi$		
13	Kettenlinie	$p_y = -p_E \cos\varphi$ $p_z = p_E \sin\varphi$	$N_S = 0$ $T = 0$ $\quad N_\varphi = -p_E\frac{r_0}{\sin\varphi}$	r_0 Krümmungsradius im Scheitel der Schale	[11] S.795
14	Kettenlinie	$p_y = -p_S \sin\varphi\cos\varphi$ $p_z = p_S \sin^2\varphi$	$N_S = p_S\frac{s}{2r_0}(l-s)(1-2\sin^2\varphi)\sin^2\varphi$ $T = -p_S\left(\frac{l}{2}-s\right)\sin\varphi\cos\varphi$ $\quad N_\varphi = -p_S r_0$		

2. Tonnenschalen (Fortsetzung)

Nr.	Systemskizzen	Belastungen	Schnittgrößen	Bemerkungen	Quellen
C 2.15	Kettenlinie 	$p_z = p_W \cos\varphi$	$N_S = p_W \frac{s}{2r_0}(l-s)(2+\sin^2\varphi)\cos\varphi$ $N_\varphi = -p_W r_0 \frac{\cos\varphi}{\sin^2\varphi}$ $T = p_W\left(\frac{l}{2}-s\right)\frac{1+\cos^2\varphi}{\sin\varphi}$		
16	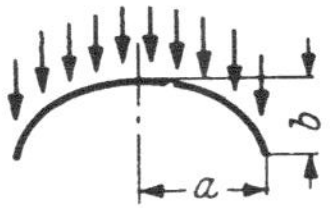	$p_y = -p_E\cos\varphi$ $p_z = p_E\sin\varphi$	$N_S = p_E \frac{s(l-s)(\gamma+\pi/4)}{2a(\gamma+\sin\varphi)^3}[\gamma(1-6\sin^2\varphi) -$ $-(2\gamma^2+3\sin^2\varphi)\sin\varphi]$ $N_\varphi = -p_E\frac{a}{\gamma+\pi/4}(\gamma+\sin\varphi)\sin\varphi$ $T = p_E\left(s-\frac{l}{2}\right)\frac{(2\gamma+3\sin\varphi)\cos\varphi}{\gamma+\sin\varphi}$	$\gamma = \frac{1}{2}\,\frac{\pi b/2-a}{a-b}$	[12] S.424
17	$r = \frac{a}{\gamma+\pi/4}(\gamma+\sin\varphi)$ 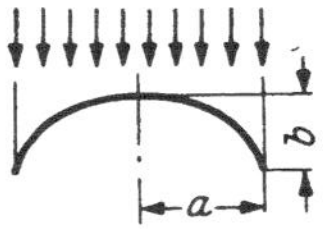	$p_y = -p_S\sin\varphi\cos\varphi$ $p_z = p_S\sin^2\varphi$	$N_S = p_S\frac{s(l-s)(\gamma+\pi/4)}{2a(\gamma+\sin\varphi)^3}[\gamma(8-15\sin^2\varphi)\sin\varphi +$ $+(3\gamma^2+4\sin^2\varphi)(1-2\sin^2\varphi)]$ $N_\varphi = p_S\frac{a}{\gamma+\pi/4}(\gamma+\sin\varphi)\sin^2\varphi$ $T = p_S\left(s-\frac{l}{2}\right)\frac{(3\gamma+4\sin\varphi)\sin\varphi\cos\varphi}{\gamma+\sin\varphi}$		
18	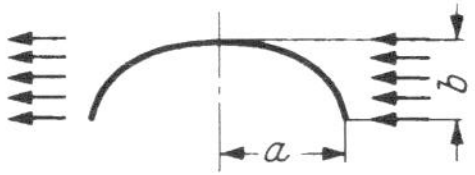	$p_z = p_W\cos\varphi$	$N_S = -p_W\frac{s(l-s)(\gamma+\pi/4)}{2a(\gamma+\sin\varphi)^3}(1+\gamma^2+2\sin^2\varphi+4\gamma\sin\varphi)\cos\varphi$ $N_\varphi = -p_W\frac{a}{\gamma+\pi/4}(\gamma+\sin\varphi)\cos\varphi$ $T = p_W\left(s-\frac{l}{2}\right)\frac{1-2\sin^2\varphi-\gamma\sin\varphi}{\gamma+\sin\varphi}$		

3. Hyperbolisches Paraboloid

Nr.	Systemskizzen	Belastungen	Schnittgrößen	Bemerkungen	Quellen
C 3.1		$p_z = -p_E$	$N_x = -p_E \frac{y}{2} \ln \frac{x + \sqrt{x^2+y^2+n^2}}{\sqrt{y^2+n^2}} \frac{\cos\psi}{\cos\varphi}$, $T = \frac{p_E}{2}\sqrt{x^2+y^2+n^2}$ $N_y = -p_E \frac{x}{2} \ln \frac{y + \sqrt{x^2+y^2+n^2}}{\sqrt{x^2+n^2}} \frac{\cos\varphi}{\cos\psi}$	Flächengleichung $z = \frac{x\,y}{n}$ $n = \frac{a^2}{c}$ Randbedingung $x = 0\,,\ N_x = 0$ $y = 0\,,\ N_y = 0$ p_z ist nach S. 94 Belast. je Einh. der Mittelfl. (im Gegensatz zur Definition in V. 13, 14)	[8]
2		$p_z = -p_S \cos\beta$	$N_x = 0$ $N_y = 0$ $T = p_S \frac{n}{2}$		
3		$p_n = p$	$N_x = -p \frac{2xy}{n} \frac{\cos\psi}{\cos\varphi}$ $N_y = -p \frac{2xy}{n} \frac{\cos\varphi}{\cos\psi}$ $T = p \frac{x^2+y^2+n^2}{2n}$		
4		$p_n = \gamma\left(h - \frac{xy}{n}\right)$	$N_x = \frac{\gamma}{2n^2}\left[\frac{x^4}{4} + \frac{x^2}{2}(5\,y^2+n^2) - 4\,n\,h\,x\,y\right]\frac{\cos\psi}{\cos\varphi}$ $N_y = \frac{\gamma}{2n^2}\left[\frac{y^4}{4} + \frac{y^2}{2}(5\,x^2+n^2) - 4\,n\,h\,x\,y\right]\frac{\cos\varphi}{\cos\psi}$ $T = \frac{\gamma}{2n}\left[h - \frac{x\,y}{n}\right](x^2+y^2+n^2)$		
5		$p_n = p_W \frac{y^2}{x^2+y^2+n^2}$	$N_x = -p_W \frac{y}{n}\left[x + \frac{y^2}{\sqrt{y^2+n^2}} \operatorname{arc\,tan} \frac{x}{\sqrt{y^2+n^2}}\right]\frac{\cos\psi}{\cos\varphi}$ $N_y = -p_W \frac{x}{n}\left[y - \sqrt{x^2+n^2} \operatorname{arc\,tan} \frac{y}{\sqrt{x^2+n^2}}\right]\frac{\cos\varphi}{\cos\psi}$ $T = p_W \frac{y^2}{2n}$		

D. Funktionen zur Berechnung von Randstörungen

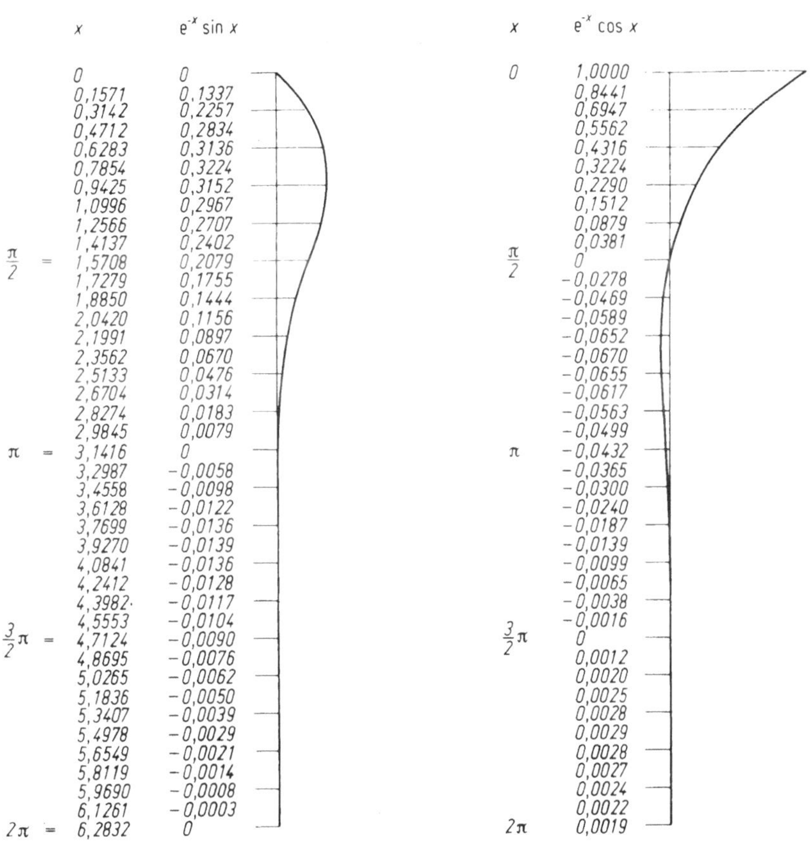

	x	$e^{-x} \sin x$
	0	0
	0,1571	0,1337
	0,3142	0,2257
	0,4712	0,2834
	0,6283	0,3136
	0,7854	0,3224
	0,9425	0,3152
	1,0996	0,2967
	1,2566	0,2707
	1,4137	0,2402
$\frac{\pi}{2}$ =	1,5708	0,2079
	1,7279	0,1755
	1,8850	0,1444
	2,0420	0,1156
	2,1991	0,0897
	2,3562	0,0670
	2,5133	0,0476
	2,6704	0,0314
	2,8274	0,0183
	2,9845	0,0079
π =	3,1416	0
	3,2987	−0,0058
	3,4558	−0,0098
	3,6128	−0,0122
	3,7699	−0,0136
	3,9270	−0,0139
	4,0841	−0,0136
	4,2412	−0,0128
	4,3982	−0,0117
	4,5553	−0,0104
$\frac{3}{2}\pi$ =	4,7124	−0,0090
	4,8695	−0,0076
	5,0265	−0,0062
	5,1836	−0,0050
	5,3407	−0,0039
	5,4978	−0,0029
	5,6549	−0,0021
	5,8119	−0,0014
	5,9690	−0,0008
	6,1261	−0,0003
2π =	6,2832	0

x	$e^{-x} \cos x$
0	1,0000
	0,8441
	0,6947
	0,5562
	0,4316
	0,3224
	0,2290
	0,1512
	0,0879
	0,0381
$\frac{\pi}{2}$	0
	−0,0278
	−0,0469
	−0,0589
	−0,0652
	−0,0670
	−0,0655
	−0,0617
	−0,0563
	−0,0499
π	−0,0432
	−0,0365
	−0,0300
	−0,0240
	−0,0187
	−0,0139
	−0,0099
	−0,0065
	−0,0038
	−0,0016
$\frac{3}{2}\pi$	0
	0,0012
	0,0020
	0,0025
	0,0028
	0,0029
	0,0028
	0,0027
	0,0024
	0,0022
2π	0,0019

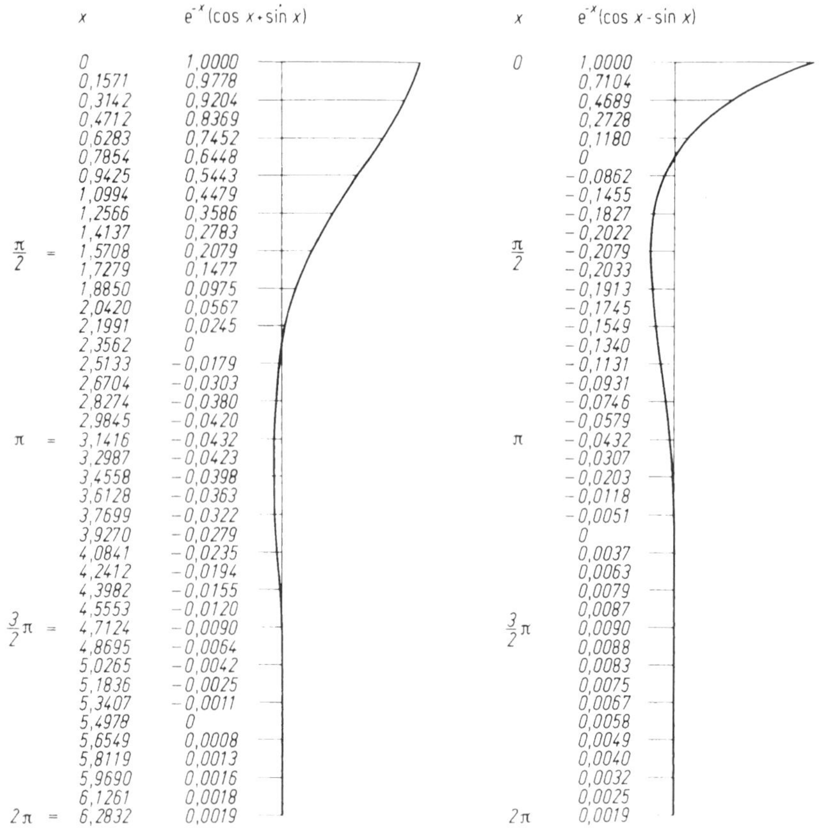

	x	$e^{-x}(\cos x + \sin x)$	x	$e^{-x}(\cos x - \sin x)$
	0	1,0000	0	1,0000
	0,1571	0,9778		0,7104
	0,3142	0,9204		0,4689
	0,4712	0,8369		0,2728
	0,6283	0,7452		0,1180
	0,7854	0,6448		0
	0,9425	0,5443		−0,0862
	1,0994	0,4479		−0,1455
	1,2566	0,3586		−0,1827
	1,4137	0,2783		−0,2022
$\frac{\pi}{2}$ =	1,5708	0,2079	$\frac{\pi}{2}$	−0,2079
	1,7279	0,1477		−0,2033
	1,8850	0,0975		−0,1913
	2,0420	0,0567		−0,1745
	2,1991	0,0245		−0,1549
	2,3562	0		−0,1340
	2,5133	−0,0179		−0,1131
	2,6704	−0,0303		−0,0931
	2,8274	−0,0380		−0,0746
	2,9845	−0,0420		−0,0579
π =	3,1416	−0,0432	π	−0,0432
	3,2987	−0,0423		−0,0307
	3,4558	−0,0398		−0,0203
	3,6128	−0,0363		−0,0118
	3,7699	−0,0322		−0,0051
	3,9270	−0,0279		0
	4,0841	−0,0235		0,0037
	4,2412	−0,0194		0,0063
	4,3982	−0,0155		0,0079
	4,5553	−0,0120		0,0087
$\frac{3}{2}\pi$ =	4,7124	−0,0090	$\frac{3}{2}\pi$	0,0090
	4,8695	−0,0064		0,0088
	5,0265	−0,0042		0,0083
	5,1836	−0,0025		0,0075
	5,3407	−0,0011		0,0067
	5,4978	0		0,0058
	5,6549	0,0008		0,0049
	5,8119	0,0013		0,0040
	5,9690	0,0016		0,0032
	6,1261	0,0018		0,0025
2π =	6,2832	0,0019	2π	0,0019

E. Literaturverzeichnis für den Anhang

[1] PÖSCHL, TH.: Berechnung von Behältern, Berlin 1926.
[2] DISCHINGER, F.: Schalen und Rippenkuppeln, Handbuch für Eisenbetonbau, Bd. VI, Berlin 1928.
[3] GECKELER, I. W.: Handbuch der Physik, Bd. 6, Berlin 1928.
[4] FLÜGGE, W.: Statik und Dynamik der Schalen, Berlin 1934.
[5] DISCHINGER, F.: Der Bauing. **16**, 374 (1935).
[6] CHAULET, M.: Travaux **23**, 428 (1939).
[7] FÖPPL, A., u. L.: Drang und Zwang, Bd. 2, Berlin 1944.
[8] TESTER, K. G.: Ing. Arch. **16**, 38 (1947).
[9] FÖPPL, L., u. G. SONNTAG: Tafeln und Tabellen zur Festigkeitslehre, München 1951.
[10] SCHLEICHER, F.: Taschenbuch für Bauingenieure, Bd. 1, 2. Aufl., Berlin 1955.
[11] BEYER, K.: Die Statik im Stahlbetonbau, 2. Aufl., Neudruck, Berlin 1956.
[12] GIRKMANN, K.: Flächentragwerke, 4. Aufl., Wien 1956.
[13] HAMPE, E.: Statik rotationssymmetrischer Flächentragwerke, Bd. 3, Berlin 1963.
[14] HAMPE, E.: Statik rotationssymmetrischer Flächentragwerke, Bd. 2, Berlin 1964.
[15] DUDDECK, H., u. H. NIEMANN: Kreiszylindrische Behälter, Berlin/München/Düsseldorf 1976.

Sachverzeichnis